SPAM NATION

裸奔的隐私

你的资金、个人隐私甚至生命安全正在被侵犯！

〔美〕布莱恩·克雷布斯（Brian Krebs）◎著
曹　烨　房小然　◎译

SPM
南方出版传媒
广东人民出版社
·广州·

图书在版编目（CIP）数据

裸奔的隐私：你的资金、个人隐私甚至生命安全正在被侵犯！/（美）克雷布斯著；曹烨，房小然译．—广州：广东人民出版社，2016.2

ISBN 978-7-218-10630-4

Ⅰ．①裸… Ⅱ．①克… ②曹… ③房… Ⅲ．①计算机网络－安全技术－研究 Ⅳ．①TP393.08

中国版本图书馆 CIP 数据核字 (2015) 第 298067 号

Spam Nation: The Inside Story of Organized Cybercrime-from Global Epidemic to Your Front Door, by Brian Krebs
Copyright © 2014 by Brian Krebs
First published in the United States in 2014 by Sourcebooks
This edition arranged with Sourcebooks,Inc. through Big Apple Agency Inc.,Labuan, Malaysia.
Simplified Chinese edition copyright © 2016 **GRAND CHINA PUBLISHING HOUSE**
All rights reserved.

No part of this book may be used or reproduced in any manner whatever without written permission except in the case of brief quotations embodied in critical articles or reviews.

本书中文简体字版通过 **Grand China Publishing House**（**中资出版社**）授权广东人民出版社在中国大陆地区出版并独家发行。未经出版者书面许可，本书的任何部分不得以任何方式抄袭、节录或翻印。

Luo Ben de Yin Si

裸奔的隐私

[美]布莱恩·克雷布斯 著　　曹 烨　房小然 译　　**版权所有　翻印必究**

出 版 人：曾　莹

策　　划：中资海派
执行策划：黄　河　桂　林
责任编辑：肖风华　古海阳　张　静
特约编辑：王　影　王利军
版式设计：王　雪
封面设计：WONDERLAND Book design 仙境 QQ:344581934

出版发行：广东人民出版社
地　　址：广州市大沙头四马路 10 号（邮政编码：510102）
电　　话：(020) 83798714（总编室）
传　　真：(020) 83780199
网　　址：http：//www.gdpph.com
印　　刷：深圳市福圣印刷包装有限公司
开　　本：787mm × 1092mm　1/16
印　　张：17　　**字　　数**：19.6 千
版　　次：2016 年 2 月第 1 版　2016 年 2 月第 1 次印刷
定　　价：39.80 元

如发现印装质量问题，影响阅读，请与出版社（020-83795749）联系调换。
售书热线：(020) 83795240

SPAM NATION 权威推荐

《纽约时报》(*New York Times*)

克雷布斯报道了互联网极其阴暗的角落：利益至上的网络犯罪。罪犯通过医药销售、恶意软件、垃圾邮件、欺诈和劫持攫取数十亿美元的非法利润。最近，奥多比、塔吉特和内曼·马库斯等公司就深受网络劫持之害，克雷布斯先生就是第一个发现并揭露这些问题的人。很少有人像克雷布斯先生那样，勇敢地将网络地下世界曝光于世。

《今日美国》(*USA Today*)

垃圾邮件为何日益泛滥？作者作出了有趣而且惊心动魄的深刻探讨……从此，《裸奔的隐私》的读者将用不一样的眼光看待收件箱里的垃圾邮件。

《波士顿环球报》(*Boston Globe*)

《裸奔的隐私》是一本很强势的新书……错综复杂、扑朔迷离。克雷布斯为我们揭示了网络犯罪团体构建的邪恶地下世界；让我们吃惊地发现，在当今信息世界中，每个人的电脑都是黑客的猎物。

《彭博新闻周刊》（*Bloomberg Businessweek*）

克雷布斯在曝光网络安全弱点时所展露的才华，为他在IT界赢得了声誉，也令他在网络犯罪界引发强烈愤慨……他对独家新闻的追踪记录，使他成为少数以顽强地报道新闻而知名的博主之一。

《科克斯书评》（*Kirkus*）

克雷布斯带领读者游览了网络犯罪的地下世界。这是一个关于黑客、垃圾邮件制造者和网络诈骗犯的故事，一个充满了险恶情节的警世故事……这是一本令人大开眼界的著作，它令人沉浸在当前有组织网络犯罪的痛苦中难以自拔。

《出版商周刊》（*Publishers Weekly*）

克雷布斯利用长期不和的黑客和网络诈骗犯发来的大量信息武装自己，探究了垃圾邮件制造者如何以及为何可以如此猖獗地游走于法律之外。通过揭露的网络弱点，并跟随着财富的步伐，作者呈现了一个精彩、愉快的警世故事。在现今这个依赖网络的时代，克雷布斯的著作非常及时，蕴藏深刻的教育意义。

美国波音特媒体研究中心（The Poynter Institute），**新闻评论机构**

作为一名独立科技记者，布莱恩凭借一己之力，击败了网络的腐烂面……他在全世界网络罪犯和犯罪打击者之间布下情报网络，就像一名小说里的侦探那样一步步揭开真相。

《华盛顿自由灯塔》（*The Washington Free Beacon*）

在《裸奔的隐私》这本书中，作者布莱恩·克雷布斯带领读者游览有组织网络犯罪者构建的令人生畏的技术世界……从某种程度上来说，天才黑客以及他们背后的机器人大军将是未来战争的主要诱因。而现在，幸好我们有布莱恩作为向导以及垃圾邮件过滤软件保护收件箱的安全。

《联邦电脑周刊》（*Federal Computer Week*）

《裸奔的隐私》是一本强大的编年史，剖析了发送垃圾邮件的龌龊勾当如何以及为何能够成功。

倾斜点（Slashdot），**科技资讯网站**

布莱恩·克雷布斯极其出色地讲述了这个故事一个重要的方面，并告诉你那些可以带来巨大改变的小事情。区区 200 多页，《裸奔的隐私》可谓一本轻巧的巨著。

先闻网站（Before It's News）

布莱恩·克雷布斯是一位著名的网络安全专家，他带我们深入探究这个地下世界，了解垃圾邮件行业的历史和文化，并谈及黑客团伙对网络犯罪行为的参与，包括身份盗用、僵尸网络、洗钱、数据破坏等。

《自动收货时代》杂志（*Vending Times*）

想要了解黑客犯罪和网络盗窃世界的秘密，这本书是最好的答案。

科利·多克托罗（Cory Doctorow）
"波音波音"（Boing Boing）**博客联席主席**

《裸奔的隐私》对垃圾邮件和网络犯罪的技术、伦理、经济、全球政治及商业的深刻剖析，作者的研究透彻，字里行间蕴藏巨大的人文关怀与热情。

田俊国，用友大学校长

用友网络科技股份有限公司副总裁

在人们尽情享受互联网带来的各种便利的同时，网络安全的隐忧始终如影随形，几乎人人都受到过垃圾邮件的骚扰、木马病毒的威胁，人人都承受着身份信息被盗、重要数据遭窃取的网络危害。布莱恩·克雷布斯在本书中大胆而无情地向我们揭露了网络安全背后的黑幕，又用类小说体将原本很专业、很枯燥的情节描述地形象生动。事关网民生存安危，又通俗易懂，可视作为网络安全普及读本。

目 录

黑名单：将垃圾邮件拒之门外　192
网络暴力何时休？　195
路由器，身边的定时炸弹　204

第 11 章　反黑风暴　211

打击网络犯罪不仅仅依靠政府机构、执法部门，也包括银行、信用卡系统以及诸多无辜受害者。微软公司启动一系列措施打击僵尸网络，维萨国际组织也切断了网络犯罪的信用卡交易渠道；在围追堵截之下，黑客四面楚歌，他们将何去何从？

微软携手FBI痛杀僵尸网络　212
利益之争：收单银行暗战维萨　221
枪口对准盗版商　225

第 12 章　网络安全任重道远　233

你是否购买过邮件推销的商品或来源未知的处方药？你的电脑是否被黑客入侵？你是否经常安装软件更新？是否随意打开邮件附件、草率地点击垃圾邮件或者脸书和推特中看似正常的链接？我们到底应该如何抵御恶意软件攻击，保护网络安全？

把他送进监狱！　234
黑客转型，盗取信息成主流　245

后　记　一个没有黑客的世界：如何防范网络犯罪　251

你的密码很好猜　253
多重防护，锁住安全　256

致　谢　259

第1章

向网络犯罪宣战

Parasite

你的邮箱是否经常塞满垃圾邮件？可曾想过这些垃圾邮件为何会进入你的收件箱？而点击邮件中的推销广告后，电脑运行速度却变得越来越慢？只要受到廉价商品的诱惑开始购买垃圾邮件中推销的商品，你的个人信息就会被神不知鬼不觉得收集起来！

深度剖析僵尸网络

莫斯科闹市区，一辆深蓝色宝马 760 缓缓驶过某十字路口的斑马线；另一辆黑色保时捷卡宴与它并排停下。正值 2007 年 9 月 2 日下午两点，苏哈列夫广场旁往常拥堵不堪的街道却稍显冷清，只有稀稀落落的游客和本地居民在两旁宽阔的人行道上信步闲逛。条条街道沐浴在午后尚有余温的阳光下，古旧建筑也开始竞相投射出长长的阴影。

宝马车驾驶员是本地臭名昭著的网络诈骗专家，黑客名为恰克。那一天，恰克初为人父，他刚刚和车上的乘客痛饮伏特加，来庆祝人生中这一重大时刻。此时天时地利具备，他准备和保时捷驾驶员一较高下。二人心照不宣同时发动引擎，准备在这直道上短短地赛一程，终点就是前方的城市广场。

交通信号灯转绿之际，橡胶轮胎与水泥路面摩擦的刺耳声迅速传到数百米外的广场之上。路人纷纷停下脚步，转身回望。两辆车如离弦之箭冲出十字路口，争先恐后冲向终点。

正以超过200公里时速掠过赛程中点的宝马车却突然失去控制，与保时捷发生侧撞，之后一头斜插到路边的灯柱上。比赛瞬间结束，不过双方都不是赢家。宝马被灯柱切成两半，保时捷也变成一堆废铁，在旁边静静地燃烧着。两辆车的司机爬了出来，一瘸一拐地逃离事故现场。但宝马车上的乘客却惨遭不幸：一位名为尼古拉·马克罗的23岁青年当场死亡。他就职于一家互联网公司，前途无量，此时却被压在这辆报废的豪车之下，身首异处。

被朋友们称为柯里亚的尼古拉·马克罗其实在互联网犯罪圈子中小有名气，他还是家族企业马克罗互联网公司（与他的姓氏相同）史上最年轻的员工。当全世界的执法机关如梦初醒，开始意识到有组织的网络犯罪正在对众多金融机构和企业组织造成威胁时，马克罗互联网公司早就在这个法律真空地带赚足了名声：网络骗子们可以租用马克罗互联网公司的服务器放心大胆地开立商铺、尽情投资、构筑阴谋，根本不必担心国外执法机关找自己的麻烦。

就在柯里亚殒命之时，世界上通过“机器人网络”发送垃圾邮件的肮脏生意正如火如荼地进行，而像马克罗互联网公司之流的虚拟主机运营商就是这些生意的最大母巢。遭到黑客攻击或被恶意软件[1]侵染的个人电脑群组往往被冠以僵尸网络[2]之名，能够为黑客们提供远程操作的便利。通常，这些电脑的主人就算被征用为“傀儡”也会浑然不觉。

在马克罗互联网公司操控之下的僵尸网络每天都会向外辐射数以千万计的垃圾邮件，封堵电脑用户的邮箱和垃圾邮件过滤器。不过，

①恶意软件，指在计算机系统上执行恶意任务的病毒、蠕虫和特洛伊木马的程序。

②僵尸网络，指采用各种传播手段使大量主机感染bot程序（僵尸程序）病毒，从而在控制者和被感染主机之间形成一个可一对多控制的网络。

马克罗互联网公司的服务器却不会编写、发送任何垃圾邮件，否则便会吸引网络警察和西方执法机构的注意，成为众矢之的。相反，它仅会利用僵尸主控机远程操控全球数以百万计的个人电脑，驱使它们成为喷吐垃圾邮件的傀儡机[①]。

当医护人员清理了车祸现场后，这血腥的场面就被人上传到他的朋友及客户频繁造访的俄罗斯网上论坛。率先上传柯里亚死讯的是来自 Crutop.nu 的用户。Crutop.nu 是一个坐拥 8 000 余名会员的俄语黑客论坛，豢养着垃圾邮件界臭名昭著的巨头们。Crutop.nu 中的部分成员是马克罗互联网公司虚拟主机的忠实客户，他们在互联网上宣布了柯里亚的死讯,其中包括文字信息和图片文件。很多人还自发(或是在论坛管理员的奚落下良心发现）担负了柯里亚的丧葬费和家庭赡养费。这在当时算得上是网络犯罪界的一件大事。

数天后，莫斯科一群制造电子垃圾的乌合之众前往柯里亚的葬礼吊唁。葬礼在柯里亚 23 年前出生时受洗的教堂举行。吊唁者包括当今世界最大的垃圾邮件制造者，也是本书的两个关键人物：SpamIt 和 GlavMed 的共同管理员，"Desp" 伊戈尔 · 古谢夫以及 "圣徒 D" 德米特里 · 斯图平。

前去扶灵的还包括德米特里 · 奈奇伍德，此人也是一名黑客，绰号 "古格"，当年 25 岁，是 Cutwail 僵尸网络的核心成员之一。Cutwail 堪称网络犯罪界的大杀器，曾在全世界内感染，并且暗中操控数以千万计的家庭计算机，代之发送海量垃圾邮件。奈奇伍德也借此牟取暴利，单是为 GlavMed 和 SpamIt 两家主顾捉刀，就能足

①傀儡机，被黑客远程操控的机器。黑客通过黑客软件进行攻击，如果计算机被感染，病毒会在系统开一个后门，方便黑客在需要时对计算机进行控制。

不出户轻松赚取数百万美元。虽然主管职位几度易手，但时至今日，Cutwail 仍是世界上规模最大且最为活跃的僵尸网络之一。现在它正由几位赫赫有名的人物管理维护。

在这起网络犯罪里程碑式的事件中，我们为什么要着重介绍以上三位人物？因为他们（柯里亚及其数以百计的同侪们）匠心独运的杰作将以一种怪异但却至关重要的方式影响着地球上每个人的日常生活——垃圾邮件。

毋庸争辩，垃圾邮件的出现确实推动了恶意软件（即每天攻击你和我以及所有人的家用电脑的恶意程序)的长足发展。通过垃圾邮件，黑客得以定位我们的身份，攻陷我们的安全防护机制，将我们的经济状况、家庭信息甚至社交圈子摸得一清二楚。作为网络世界的虚拟寄生虫，僵尸网络亟须殷切的护理和持续的“喂养”才能在技术上保持先进，从而领先杀毒工具和杀毒软件企业，即帮助家庭计算机杜绝网络侵害的企业。为了保持“宿主”旺盛的生命力，垃圾邮件制造者（或称为“僵尸主控机”，这两个术语可以互换）必须贡献出持之以恒的努力来传播“数字疾病”并辅以变异，借以寻求技术支持。由于杀毒程序能够清剿“宿主”中的恶意程序，僵尸网络运营商必须向新“宿主”发动持续攻击，夺得控制权，并探寻新途径，将以往的“宿主”再次拉下水。

为避开日益升级的杀毒软件以及垃圾邮件防御系统的围追堵截，这场技术上的军备竞赛需要不断开发、生产和分配隐蔽性极强的恶意软件。因此，黑客们通常会将垃圾邮件赋予“自保”属性。为了感染更多的计算机，喷吐老式垃圾邮件的僵尸网络通常会被用来散布包含新版恶意软件的电子邮件。另外，邮件制造者也会将一部分收入用于再投资，来开发破坏力更强、更加隐秘的恶意软件，借以攻破杀毒软件、防垃圾邮件软件以及防火墙的三重围剿。这种在技术和社会双重意义上的犯罪机器俨然已成为一个自给自足的生态系统。

迄今为止，传播海量“数字疾病”的网络罪犯已鲸吞了网络安保企业羽翼下的大片安全领土。杀毒软件企业曾做出过一份报告，声称他们平均每天要将8.2万种新型恶意软件进行分类并予以查杀，而网络罪犯开发恶意软件的根本目的就是感染家用电脑，使之沦为傀儡机，以供网络犯罪者远程操纵。杀毒软件大鳄迈克菲（McAfee）也曾发表声明，仅在2013年第一季度，该公司就检测出1 400万种新型恶意软件。

不过对垃圾邮件制造者来说，这样一套生态系统造价不菲。以Cutwail为例，系统的维护需要软件开发以及技术支持团队7×24小时连轴运转。像Cutwail这样的大型僵尸网络通常都会承担一些外包业务，而承租者（即其他垃圾邮件制造者）为了满足犯罪目的，经常会要求进行代码调整或开发附加组件以维持僵尸程序正常运转。

伊戈尔·维什涅夫斯基是莫斯科人。他30多岁时，正在为Cutwail效力，也是奈奇伍德的亲密战友，在黑客界声名煊赫。不过后来维什涅夫斯基决定开创自己的事业，开发了一个新系统与Cutwail分庭抗礼，喷吐垃圾邮件、承接外包生意。在本书中，他成为我们的导游，带领我们探索邮件制造者构筑的庞大、神秘又不为人知的地下世界。在一次即时消息会话中，维什涅夫斯基曾提道：“我们为了支持古格（即奈奇伍德，他的绰号与Google的读音有异曲同工之妙），曾为他单独设立一间办公室，并提供编码员和其他技术支持。有时候我会去拜访他，但从不在那里工作。”据他讲，为满足客户的需求，古格的办公室雇佣了至少5名全天候待命的编码员，还有更多的技术人员轮班工作，连周末也不休假。

诸如马克罗互联网公司之类的虚拟主机运营商之所以要招揽Cutwail这样的客户，是因为在网上频繁抛头露面会引起麻烦：境内外的执法机关一直在虎视眈眈，以求将它代理的非法网站连根拔起。据维什涅夫斯基称，马克罗互联网公司的服务器一直高速稳定。它丝毫不惧其他互联网服务提供商[1]和执法机关的关闭请求，这种“防弹”属性已被尊为业内传奇。

柯里亚去世后不久，马克罗互联网公司便雷厉风行地向与其合作的网络犯罪团体保证，即使组织内部声名在外的核心成员不幸殒命，虚拟主机运营商依旧能够照常运营。柯里亚的搭档阿列克谢在事发后也立即到俄罗斯国内顶尖网络犯罪论坛上发布相关信息，信誓旦旦地向老客户们承诺，这起事件并不会影响马克罗继续提供贴心的服务。

事实上，马克罗互联网公司互联网公司即使不费唇舌，这些网络犯罪团体依旧会对它不离不弃。马克罗互联网公司的主机扎根于美国，它们提供的服务更加廉价高速、值得信赖。在柯里亚丧命一年后，奈奇伍德和其他僵尸主控机商仍然将主控服务器安扎在马克罗互联网公司。

不过这都是过去式了。2008年11月11日，《华盛顿邮报》（*Washington Post*）集中曝光了托管服务提供商（虚拟主机运营商）的种种恶意网络活动，马克罗互联网公司的两大网络连接供应商快速与其划清界限。转瞬之间，全球范围内垃圾邮件的数量下降了75%，

①互联网服务提供商（Internet Service Provider，简称ISP）即指提供互联网服务的公司，通常大型电讯公司都会兼任互联网供应者。

成百上千万的僵尸网络切断了与马克罗互联网公司主控服务器的联系，它们就像失去牧羊人的羊群一样，四散奔逃。

马克罗帝国的崩塌重创了像奈奇伍德和维什涅夫斯基这种僵尸主控机商的财力。租用僵尸网络的邮件制造者纷纷倒戈，一边涌向Crutop.nu和其他地下诈骗论坛，一边愤愤不平地抱怨着自己失去了数量可观的投资。未来竟如此渺茫，业界一片愁云惨淡。

“在与马克罗互联网公司合作的时候，我们托管的服务器位于美国，速度非常快。”维什涅夫斯基回忆道，“马克罗互联网公司倒台之后，我们只能租赁其他国家的服务器，速度就慢多了”。说这话的时候，他牢骚满腹。

即便是在柯里亚去世之后，也很少有人能预料到马克罗互联网公司会倒台；数量众多的邮件制造商曾将他们运营中最重要，也是最昂贵的资源——海量电子邮件地址列表挂靠在马克罗互联网公司的服务器上。

“所有商家的邮件列表全军覆没。”维什涅夫斯基说道，并宣称在马克罗互联网公司倒台后，他和奈奇伍德共计丢失了多达200万个邮件地址，损失惨重。

柯里亚之死和马克罗帝国的分崩离析成为网络犯罪界的一座分水岭，垃圾邮件制造商和网络犯罪巨头们逍遥法外的时代宣告终结。事发之前，世界范围内流通的邮件中，90%都是不请自来的垃圾邮件，其中绝大部分都在宣传网络药店。在接下来的4年里，大批流氓互联网服务经营商、主机托管供应商（虚拟主机运营商）和大型僵尸网络相继倒台，全世界范围内垃圾邮件数量骤减。与此同时，大量顶级邮件制造者被捕，锒铛入狱。

不过，马克罗互联网公司的颓倒也标志着一个新时代曙光的到来。网络犯罪界和网络安保界不约而同地将这场旷日持久、代价不菲的地盘争夺战称为“售药联盟之战”。在这场战役中，两家医药垃圾邮件的赞助商大打出手，而像你我这样无辜的网络用户则陷入双方共同浇筑的泥淖之中，进退两难。

赞助商之一是前文中提到的德米特里·斯图平、伊戈尔·古谢夫及其在制药业的运营商合作伙伴 GlavMed 和 SpamIt。与之相对的另一方为莫斯科人巴维尔·弗卢勃列夫斯基创建的 Rx-Promotion。弗卢勃列夫斯基现年 35 岁，曾是古谢夫的合作伙伴。在公众视野里，弗卢勃列夫斯基是 ChronoPay[①] 公司的高层管理人员。ChronoPay 是一家位于俄罗斯境内的网络交易公司，堪称业界翘楚，由弗卢勃列夫斯基和古谢夫联合创办。不过私下里，弗卢勃列夫斯基与网络犯罪地下世界却有撇不清的关系：他帮助网络罪犯窃取客户信用卡信息，以满足不可告人的目的，并且从中牟取暴利。同时，他也是极负盛名的垃圾邮件商论坛 Crutop.nu 的协创者和管理者之一，是这场网络战争的关键人物。而这场战争会使我们陷入一个垃圾邮件帝国，更确切地说是垃圾邮件世界的笼罩之下。

信息安全，互联网金融消费者的痛点

到 2010 年为止，我用了一年多的时间来调查和报道弗卢勃列夫斯基及其通过 Rx-Promotion 与垃圾邮件制造商相互勾结所做的肮脏

① ChronoPay 是欧洲著名的信用卡支付服务公司，成立于荷兰，其主要服务对象为欧美信用卡消费者，于 2009 年进入中国市场。

交易。起初我供职于《华盛顿邮报》，后来逐步建立了自己的网络安保网站：KrebsonSecurity.com。

但随着调查了解的逐步深入，我不再满足现状，我越发希望了解形成这个罪恶系统背后的动因，以及如何才能将其一举摧毁。很快我发现，一些志同道合的人也在相关研究。

在上文提到的双方进行角逐争霸之前，公众可以获得的相关信息寥寥无几，一些最基本的问题仍然亟待解决，其中包括：

◆ 什么人愿意花钱购买垃圾邮件中吹捧的商品？比如伟哥、处方药，甚至是古奇包？这种侵入性的商品营销究竟会吸引怎样的受众？

◆ 这些药品真的有效吗？或者是滥竽充数，甚至属于非法的次品？

◆ 垃圾邮件背后的受益方又是什么人？利益是如何被瓜分的，最终，钱又流向哪里？

◆ 为何世界上最富有、影响力最大的制药业，在面对自己商品、商标被盗窃以及客户流失时表现得如此疲软无力？

◆ 为什么在这种利用垃圾邮件明目张胆贩卖假药的生意中，消费者可以轻而易举地使用信用卡付款？

◆ 消费者通过邮件制造商购买商品后，其信用卡信息是否会遭到窃取或者变卖？如果他们没有购买又会怎样，也同样会有账户风险吗？

◆ 消费者、政策制定者以及执法机关面对日益猖獗的网络犯罪难道真的束手无策吗？

每当我向身边的人表达我要写书的愿望之后，他们总会向我提出诸如此类的问题。刚开始，我只能根据个人的猜想含糊回答。在向所谓的垃圾邮件专家请教之后，我依然发现，即便是世界上顶尖的专家也无法给出确切的答案。很多人仅仅向我提供了少量案例，而这些案例还是由大型制药产业或网络安保公司提供的。

在“售药联盟之战”中，我曾经从 Rx-Promotion 和 GlavMed-SpamIt 获取一些制药业垃圾邮件数据库的内幕信息，得以窥视世界上两大的垃圾邮件组织的全貌。不过讽刺的是，正是通过垃圾邮件制造商向我透露的这些信息，我才了解到，他们在灰色地带从事的肮脏营生怎样影响我们每天的生活。

为了向对手进行打击报复，分别隶属于古谢夫和弗卢勃列夫斯基两大阵营的黑客们向立法机关和我透露了许多信息。结果却适得其反，他们所提供的数据库正好帮助我窥探到隐藏在国际制药集团背后的网络犯罪日常运营机制以及盈利模式：这是一个由邮件制造者、病毒编写者、隐蔽的供应商和托管商组成的松散从属结构。这些数据库信息也为本书大部分章节的撰写提供了理论基础。

当然，更加重要也更令人担忧的是，我所得到的文件缓存中包含了大量消费者的人口、健康和财务信息，其中绝大部分人来自美国；只要受到垃圾邮件的教唆，开始在线搜索、通过垃圾邮件中提供的网址购买处方药品，那么消费者的个人信息都会被神不知鬼不觉地收集起来。

这些数据库直截了当地揭示了一个事实：在不为人知的暗处，民众对于廉价处方药的需求正在“蓬勃”发展，大多数的美国人都在积极搜寻价格“合理”的药物，但这一“优惠”却是建立在其他民众健康信息、身份信息、甚至是安全信息被泄露的前提之上。

垃圾邮件和网络安全攻击愈演愈烈，已经直接影响到消费者和企业的切身利益。正如2013年12月份我向媒体透露的那样，塔吉特（Target）公司信用卡数据库崩溃，黑客发起的网络攻击窃取了上百万美国消费者的财务信息，这起事件最终迫使许多民众更换新的信用卡。你可能会问，为什么政府、执法部门和企业本身不采取更加强硬有效的措施来杜绝网络犯罪和垃圾邮件的肆虐？

政府部门以及网络犯罪专家更倾向于借助技术以及执法机关的力量化解垃圾邮件的困扰，或者至少将其减轻到一个可控的程度，因此到目前为止，对于以燎原态势蔓延的恶意软件以及垃圾邮件，多数网络社区都采取消极的应对策略。因为垃圾邮件总是和伟哥或犀利士这类治疗男性性功能勃起障碍的药物成双成对地出现，许多消费者对垃圾邮件的反应往往一笑置之。人们通常都会认为，只要不打开这些邮件，不买里面的商品，我们的个人信息就会安然无恙。

这种态度凸显出一种普遍扎根于消费者心中的天真认知：我们低估了垃圾邮件带来的潜在威胁。也正是这种态度令僵尸网络在犯罪的道路上无往不利，毫不知情的程序员则成为滋养其不断发展壮大的帮凶。诚然，SpamIt和Rx-Promotion的成员开发并管理僵尸网络的运营，其他垃圾邮件辅助程序并非只起到传播邮件的作用。僵尸网络能够凭借着被感染的终端机为犯罪分子们提供极多的登录途径，以躲避警方的追查。网络罪犯通常会租赁路径，借此隐藏真正的在线地址。

通常，网络罪犯会利用其运营的僵尸网络获取被感染电脑用户的登录名及密码，窃取个人信息，从网银证书到能够攻破大小企业网络安防机制的数字秘钥，不一而足。其实，世界上最活跃的僵尸网络

“舵手”们已经在世界五百强企业中控制了数千台傀儡机，如此一来他们就能够“租用”企业中更强劲的服务器，向民众散发垃圾邮件；与此同时还将触须深入企业内部，窃取敏感信息及专有数据。

网络攻击：未来战争的中流砥柱

僵尸网络的危害绝不会止步于此。在一种高风险的互联网敲诈计划，即分布式拒绝服务攻击（简称 DDoS 攻击）中，僵尸网络则充当网络罪犯的帮凶。在 DDoS 攻击中，黑客首先向企业索要数万美元的“保护费”，一旦遭到拒绝，僵尸主控机商就会率领麾下被感染的计算机攻击目标企业网站，封堵流量，而合法的访问者则被拒之门外。被攻击的企业只有两种选择：要么乖乖交钱，要么保持离线状态，直到攻击者偃旗息鼓。当然，如果受害企业足够有钱，也可以雇佣反 DDoS 公司为自己解围。

DDoS 攻击也可以用于处理“政治”及“意识形态”层面的问题；攻击者可以强迫整个国家“掉线”，令针对某些问题的抗议者暂时保持“缄默”。

2008 年，出于政治动机，一场针对爱沙尼亚（前苏维埃联邦国家）政府的 DDoS 攻击迫使政府网站下线数天之久，境内电子银行系统的服务中断数小时，该国境内最大的移动网络陷入瘫痪，爱沙尼亚国内处理紧急医疗事件的网络服务也被扰乱。

僵尸网络如此神奇的力量引起了美国政府和军方的注意。在现今以网络为主导的战争系统中，网络攻击者已经成为现阶段最有力的威胁之一。2009 年 5 月份在白宫一场阶段性讲话中，奥巴马总统宣称：

网络犯罪已经成为当今美国所面临的最严重的经济威胁和安全挑战。

公众的反应与美国政府的持续关注大相径庭：针对规模日益庞大的网络犯罪组织以及为泛滥的垃圾邮件提供强大动力的计算机技术，民众的态度依旧不冷不热，甚至在某些地区，还有人觉得事不关己。一场网络瘟疫正在肆虐，它的威力足够动摇整个国家的根基，降低通信网络能效，利用假冒伪劣的商品毒化民众，催生并滋养了非法金融业的发展。但世界上大部分国家的政府机构却依旧采取无作为的暧昧态度，置国民安危于不顾。

在美国和其他国家，许多立法机关正在利用铺天盖地的网络犯罪来游说警方以及联邦当局修改与收集民众敏感数据的相关法律。但针对网络犯罪更加严苛的刑罚却仍未能阻止黑客、垃圾邮件制造商和网络窃贼的肆虐。美国政府最近推出的大多数网络安全法案仅仅提到要增强基础信息设施（范围涉及制造业、污水处理设施及电力网络）的安全性，但言辞含混模糊，几为空谈。

最近，为了打击网络犯罪，美国政府拟制定多部相关法律，此举遭到隐私保护者以及广大民众的强烈抵制。国会曾试图通过一项法案，本意借此迫使互联网服务提供商终止与某些网站的链接，但随即遭到选民的反对。

据悉，这类网站一直在兜售盗版或假冒伪劣商品，有侵犯商标专利权的嫌疑。大多数抗议行为都在网上组织，并且巧妙地选择了网络游行的方式。

与此同时，和以往几次毫无实质性进展的立法闹剧相比，美国政府针对僵尸网络犯罪实施的几次重大抓捕以及打击性行动倒是卓有成效。正如本书中即将列举的案例所示，在全世界范围内，一些政府机构选择推进现有法令实施，通过加强国际合作满足国内实际需求，进一步扩大执法机关职权责范围的做法，反倒比推行新法令、加重量刑等措施更加有效。

但这并不意味着，政府行为才是攻克垃圾邮件及僵尸网络犯罪的不二法门。事实恰好相反，最行之有效的方法就是企业设法保护自己的经济利益、客户、商标专利以及公众形象，当然，消费者本身的努力也不可或缺。

总而言之，若未得到世界上最富有、最强大的利益团体的足够重视及协同合作，垃圾邮件和随之而来的弊病就会卷土重来。这些利益团体包括每天都活在网络犯罪阴影下的无辜受害者，比如像你我一样的普通人，也包括制药业、信用卡系统、银行部门、世界各地的立法机关、执法部门等金融企业和政府机构。趁着现在还不晚，我们必须采取行动，保护我们的隐私，保障我们银行账户的安全，挽救我们的家庭和生命。

第2章

互联网时代的虚拟“海盗巢穴”

Bulletproof

拥有些许不良爱好的你通常从何处寻找心仪的情色网站？而心满意足地观摩之后，你是否希望再度回味，进而购买一些影像制品？然而，对于这种灰色地带的生意，哪些金融组织会为其提供结算服务？网络泄密即缘于此：有组织的网络犯罪正在肆虐！

防弹主机进化史

若想了解垃圾邮件为我们带来何种威胁，就必须弄清在网络犯罪世界阴暗角落的重重黑影下，到底隐藏着什么骇人的东西。绑架、贿赂、敲诈、腐化，这便是最初的网络犯罪者惯用的“经商技巧”。他们共同搭建了一个网络犯罪的避风港——互联网时代的虚拟“海盗洞穴”。这些网络托管[①]业务多建立在俄罗斯境内，有些甚至可以追溯到苏联时代。网络托管服务商运用多种合法或非法措施获得“政治庇护”与运营支持以逃避法律制裁，所以他们通常被称为“防弹主机”或“刀枪不入的托管商”。外国政府和执法机关疲态尽显，网络托管服务商的影响力却日趋增强，他们在光天化日之下招摇过市，通过网络向顾客肆意兜售各种非法商品以及服务。

其中的佼佼者马克罗互联网公司深谙其中三味。尼古拉（第1

①网络托管业务，指受用户委托，代管其自有或租用的国内网络元素或设备，也指为用户提供设备放置、网络运行、互联互通和其他网络应用的管理和维护服务。

章中死于车祸的马克罗互联网公司年轻雇员）虽然并非这类网络犯罪的创始人，却和其他领域中的革新者一样，站在了“网络犯罪巨人”的肩膀上。他曾推出一系列措施提高公司运营效率，如精简中层冗员、压缩成本、降低价格，致力于建设更加高速稳定的网络，使这种历史悠久的商业模式不断优化、精炼。

最重要的是，马克罗互联网公司坚持推行“刀枪不入”的托管服务，以提供一流的技术服务和客户支持为企业目标，从而使自己傲立于业界巅峰。这些正是网络犯罪行业早期竞争者所忽视的问题，不过鉴于当时“寡头”分部的业内结构，这种忽视无可厚非。

然而，弄清楚马克罗互联网公司在地下网络犯罪界一家独大的原因却又十分必要，这有助于我们了解它的“前辈”是如何以及为何失败的。“刀枪不入”的托管服务为年轻的尼古拉打下事业的基石，且始终贯穿于两大网络犯罪巨头间旷日持久的仇恨之中。它为马克罗互联网公司的崛起、“售药联盟之战”以及网络犯罪行径的肆虐埋下伏笔。

到2007年中期，作为互联网犯罪活动的中心，俄罗斯商业网络（以下简称RBN，一个总部位于俄罗斯圣彼得堡的虚拟主机托管综合企业集团）在网络安保界“声誉卓著”，风光无限。在许多案件中，当计算机犯罪侦查员追查传播儿童色情和贩卖盗版软件的源头时，总能发现RBN或多或少地牵扯其中。

网络侦探深入调查大肆传播计算机病毒、散发“钓鱼”邮件（即冒充银行，利用电子邮件诱导用户进入虚假银行网站以窃取其账号、密码的犯罪活动）网站时也会经常发现，RBN正是为犯罪分子提供网络服务的元凶。

RBN 是早期提供“防弹主机”服务商的缩影。只要交纳数额高昂的托管费（价格增长时恕不另行通知），托管客户就能在这个虚拟的避风港内肆意展出、销售各种非法或恶意的网络产品。一个 RBN 服务器的月租费用高达 600 ~ 800 美元，比大多数合法托管商的收费高出 10 倍多。不过这些收入并不会全数落入“防弹网站”服务商的口袋，他们只保留足以支撑公司运营的部分。通常，大部分收入由 RBN 的首脑分子侵吞，经地方当局和腐化政客（以保证他们在面对本地或他国执法机关的询问时能三缄其口）的层层盘剥后，便所剩无几。

法国网络安全研究员大卫·毕祖曾在 2007 年中期撰写了大量关于 RBN 全盛时期的深度分析报告。他曾在文中提到，RBN 设有专门处理恶意投诉的团队，它的存在令 RBN 看上去更像是一个彻头彻尾的非法互联网服务提供商。

“为了树立一个受人尊敬的形象，RBN 设立了一个专门处理恶意投诉的团队。这个团队会鼓励投诉客户提供俄罗斯司法部门出具的起诉申请书，用以处理其提出的服务器滥用或移除请求。”毕祖在 2007 年的报告中写道，“当然，这种起诉书很难申请。RBN 根本就是网络骗子的天堂！”RBN 的起源至今还是个谜。可能也是出于这个原因，许多计算机安全领域的专家将最臭名昭著的互联网犯罪活动悉数归咎于 RBN 的幕后黑手，虽然他们也不确定这些犯罪活动是否与 RBN 有关系。

重塑色情行业规则

不过，若 RBN 真的成了大多数人眼中的数字恶魔，就不会赢得如此辉煌美誉。从媒体报道以及熟悉该公司的消息人士提供的资料得知，RBN 创立的初衷是为各种非法交易，特别是色情交易和儿童色情业提供稳定可靠的网络托管服务。实际上，RBN 源于白俄罗斯明斯克的儿童色情业以及有组织的犯罪集团。新千年伊始，一名前途无量的 20 岁白俄罗斯青年亚历山大·鲁巴斯基正准备继承父亲（一名效力于白俄罗斯警方的中校级警官）的事业，但他始终对计算机兴趣盎然并展示出娴熟的技艺，最终从警校辍学。

白俄罗斯著名电影制片人、调查记者维克多·查姆科沃斯基曾经将鲁巴斯基早期的职业生涯拍摄成影片。片中，当地犯罪组织对鲁巴斯基的天分青睐有加，前者也早已预见到，为互联网企业，特别是色情业服务的在线支付系统能够带来极为可观的回报，便将鲁巴斯基招入麾下。根据查姆科沃斯基的记录显示，1995 年鲁巴斯基开始和当地一个游手好闲的混混琴纳迪·罗格诺夫交往甚密。罗格诺夫的兄长正是明斯克当地一个名为“村人帮”的激进犯罪组织首脑。鲁巴斯基所从事的并非什么体力活儿，而是在网上搜集消费者的信用卡信息。之后他将这些信用卡套现或将账户信息变卖出售，以获取丰厚回报。

2001 年春季，鲁巴斯基开始寻找一份货真价实的工作，不久便被当时俄罗斯境内规模最大的在线支付系统 CyberPlat 录用，担任程序员。因职务需要，鲁巴斯基得到公司的财务支持，雇佣了十余名程序员为自己效力。他的任务就是组建一个团队，为 CyberPlat 开发下一代支付平台。

根据《白俄罗斯报》(*BelGazata*) 报道，当时 CyberPlat 还向鲁巴斯基提供了测试系统安全漏洞的权限，尽管此举可能会产生数据泄露的风险。后来双方反目成仇对簿公堂时，CyberPlat 声称，鲁巴斯基滥用职权非法侵入系统，还私自拷贝公司的客户信息，言下之意将责任推了个一干二净。鲁巴斯基向检察官控诉，他获取数据只是为了测试团队成员发现的系统安全漏洞，但他的雇主对这个说法根本不买账。当地警方对鲁巴斯基及其手下黑客的工作仓房进行了地毯式搜索，找到了大量足以坐实鲁巴斯基犯下盗窃罪的证据。白俄罗斯法庭最终站在了 CyberPlat 一边，判处鲁巴斯基为期 6 个月的监禁（之后判决缓期执行）。

此时，鲁巴斯基决意复仇。实际上在审讯结束之前，CyberPlat 的客户名单就已经落到了执法部门官员的手里。此前，来自美国和其他国家的网络犯罪调查员们就已经怀疑，在网络上销售儿童色情产品的钱款流向了 CyberPlat 的合作伙伴、俄罗斯“普拉提那银行”的商业账户中。而现在，警方终于掌握了有力的证据。

早在 2002 年中期，俄罗斯《生意人报》就曾报道过一宗震惊国际的丑闻：CyberPlat 的数十个客户竟公然在网站上兜售儿童色情图片和视频！在这桩丑闻初现端倪时，CyberPlat 就已经将 40% 的员工解雇，其中包括许多高层管理人员。

但鲁巴斯基却守住了饭碗，他继续利用深藏不露的色情网站开拓利润丰厚的儿童色情业市场。与此同时，鲁巴斯基的好友罗格诺夫也决心改进企业的运营机制，加大安保力度。警察一举端掉黑客窝点的情况将很难发生。

就这样，身为“防弹主机”托管业务的先驱，鲁巴斯基此时正积极地寻求方法，加强防卫措施，以保证自己在开展“业务”的同时不会受到任何人的干扰。即便当地警方打定主意要开展新一轮的围剿，鲁巴斯基也能未雨绸缪，找到新的藏身之处或及时销毁犯罪证据。

根据查姆科沃斯基拍摄的一部名为《操控联盟》（*Operation Consortium*）的纪录片以及其他俄罗斯新闻媒介的报道显示，罗格诺夫及其党羽曾在新窝点周围布下天罗地网，包括加装闭路摄像头和警报系统、购置防火警报和警方无线电、订做统一的制服。他们甚至还雇佣了前克格勃[①]的教官私下传授搏击术。据称，罗格诺夫的帮派人员接受了克格勃的全套野战训练，其中包括生理和心理承受能力的测试以及各种医疗和技术培训。“最初，他们还要接受笔试。”白俄罗斯内务部的官员伊戈尔·帕蒙在查姆科沃斯基的纪录片中说道，“甚至还有人因缺课而受罚。”

2004 年，《白俄罗斯财经日报》（*Belarusian Business News*）中的一篇报道详尽描述了罗格诺夫的团队对另一家儿童色情企业崛起的反应。这家企业名为 Sunbill（后更名为 Billcards），由当地商人叶甫根尼·彼得罗夫斯基创立，专门为儿童色情行业提供信用卡处理服务。罗格诺夫的帮派决定将他们所学到的搏击技巧付诸实践，来除掉或至少震慑一下这个潜在的竞争对手。同年，彼得罗夫斯基还因为儿童色情网站提供信用卡处理服务而在计算机犯罪研究中心（位于乌克兰敖德萨州的非营利组织，收集了大量跨国网络犯罪的数据）留下了不良记录。

一天，彼得罗夫斯基驾车时被一名冒充警察的男子拦下，在他迈出车门的一刹那就被数名蒙面人绑架。绑匪将彼得罗夫斯基带关在明斯克郊外一处藏身地点后，联系了彼得罗夫斯基的助手，声称若想彼得罗夫斯基平安无事，就要支付 100 万美元的赎金。不过这些绑匪没有等到赎金，而是等来了当地警方。于是绑匪又将彼得罗夫斯基带

①克格勃，即苏联国家安全委员会的简称，是苏联的情报机构，以实力和高明著称于世。

到了莫斯科。直到2012年11月，俄罗斯和白俄罗斯当局才找出罗格诺夫帮派的藏身地点，一举抓获了这群无法无天的绑匪。彼得罗夫斯基最终生还，毫发无伤。后来，罗格诺夫和他的同伙因绑架罪及其他罪名获罪入狱。根据《电子商务杂志》报道，被绑架时彼得罗夫斯基应该被藏匿在乌克兰的某处。

查姆科沃斯基称，当时鲁巴斯基正忙于入侵和掠夺网络商铺的财务数据，根本无暇他顾，自然对其同伙的"准军事"行动一无所知。当鲁巴斯基获悉罗格诺夫的帮派因绑架和抢劫入狱的消息后，便迅速离开白俄罗斯，逃往俄罗斯圣彼得堡。直到现在我也没能追查到鲁巴斯基的所在。据白俄罗斯通社报道，鲁巴斯基已经是国际刑警组织的头号通缉犯。

据悉，鲁巴斯基在圣彼得堡的市中心租了一间临时办公室，还与莫斯科的阿尔法银行①签约，助其开发一套名为Alfa-Pay的支付系统。鲁巴斯基开发这套系统的初衷就是避开警方的干扰和监察，从而得以继续帮助儿童色情业提供信用卡支付服务。正如2006年白俄罗斯《明斯克晚报》(*Evening Minsk*)中报道，白俄罗斯境内许多色情网站都在向客户提供低龄模特的不雅照片。除此之外，这类色情网站也充当中介的角色，他们积极拓宽销售渠道、赚取佣金抽成；正是这些商户喂饱了鲁巴斯基这类蠹虫。

"在鲁巴斯基的帮助下，一个巨型的网络托管商正慢慢成形，色情摄影、色情制品分销以及托管公司运营都在它的掌控下有条不紊地运行，除此之外，包括定期支付、结算、佣金分成等事务也井然有序。"

---

①阿尔法银行（Alfa Bank）是俄罗斯第一大私人商业银行，于1990年成立，总部位于莫斯科，其业务主要集中在俄罗斯和乌克兰地区，提供投资银行、企业银行、零售银行等服务。

查姆科沃斯基写道，“鲁巴斯基是个中高手，他致力于散播儿童色情业制品的网站都基于一个千篇一律的系统，其特征是便于复制，更易于传播。”

从表面上看来，鲁巴斯基如火如荼的托管产业是独立于俄罗斯和东欧诸国（地下网络犯罪招摇过市的过渡区）存在的，但实际情况（也是悲哀所在）是，色情产业的绝大部分受众都来自美国：客户们愿意每个月花费 40 多美元订阅浏览儿童色情网站，网络犯罪界业内将这些色情网站的演员称之为“小草莓”或“洛丽塔”，后者得名于俄罗斯文豪弗拉基米尔・纳博科夫的同名著作。根据新闻业的调查报告显示，鲁巴斯基的儿童色情网站每天都能吸引 10 万余名游客浏览，保守估计每月约创造 500 万美元的收入。

但不久之后，Alfa-Pay 就发现自己的系统再次与彼得罗夫斯基的 BillCards 支付处理系统狭路相逢。不过这次，彼得罗夫斯基拉来了“Desp”伊戈尔・古谢夫作为盟友。坊间传闻，古谢夫是一个秘密网络论坛 Darkmaster.com 的管理员，为了迎合网站站长而大肆涉足包括儿童色情业在内的核心色情产业。后来在一次邮件访谈中，伊戈尔・古谢夫告诉我，虽然他的绰号“Desp”出现在 Darkmaster.com 的网站上，但他其实从未担任过这个论坛的管理员。相反，古谢夫声称，他之所以同意用自己的名气入股以招揽客户，只不过是为了从论坛的真正管理员那里赚钱。与此情况类似，另外一家成人网站的站长还借用了他的另一个昵称“大师”。不过弗卢勃列夫斯基坚称，这正是古谢夫和 RBN 沆瀣一气的佐证。

据弗卢勃列夫斯基称，鲁巴斯基的 Alfa-Pay 和彼得罗夫斯基的 BillCards 之间的竞争迅速升级到白热化阶段，大有你死我活之势。

2003 年，古谢夫还准备与 ChronoPay 合作，当时计划五五分成，但这一计划不断受阻，且直接促成了俄罗斯境内最大网上支付处理系统 CyberPlat 的成立。

“Alfa-Pay 当时和 BillCards 鏖战正酣，双方都向对方发动了猛烈的网络袭击，试图揭露对方的非法本质。而且双方都向媒体透露了大量内幕信息。”在 2010 年的一次访谈中，弗卢勃列夫斯基已经预料到自己与古谢夫将因抢占仿冒药品市场份额而大打出手后，他又补充道：“结果自然是两败俱伤，这在当时还是一桩不小的丑闻。”

历经此役后，鲁巴斯基决定投身于一项更加安全，但依旧有利所图的职业：网络托管。弗卢勃列夫斯基称，鲁巴斯基与 Eltel（白俄罗斯当地的一家 ISP，其网络服务实现了圣彼得堡和其他公共网络的链接）的运营者进行商谈。

弗卢勃列夫斯基坚信，Eltel 的管理层从俄罗斯联邦安全局（简称 FSB，由苏联时期克格勃改制）获取到了政治庇护。这种形式的掩护（在俄语中称为“Krusha”，意即“屋顶”）几乎是任何行业获取可观利润的不二法门。因为获取可观利润的企业最容易受到犯罪分子、政府甚至暴力冲突的威胁。根据《暴力企业家》（*Violent Entrepreneurs*）一书的作者范迪姆·沃克夫所说，FSB 的官员经常受到俄罗斯商家的雇佣，作为压制竞争企业经营利润的金牌打手。

沃克夫在书中提到，俄罗斯法律默许仍然在职的 FSB 特工“在上级的指引下投身企业和营利组织，这就为数以千计的在职特工以‘法律顾问’（该职业最常用的头衔）的名义加入私营企业大开方便之门。他们利用与政府组织的裙带关系和 FSB 的信息来源，向效力的企业提供‘屋顶’式庇护，即帮助其对抗犯罪组织的勒索和欺诈，同时改善私营企业与国家官僚机构的关系。据专家估计，约有 20% 的 FSB 官员曾参与提供过类似的‘屋顶’庇护”。

“Eltel 之所以能够凭借儿童色情业托管和疯狂营销在业界屹立不倒，他们与警方的暧昧关系功不可没。”在一次电话访谈中，弗卢勃列夫斯基像我透露，“Eltel 上层的 ISP 却持续不断地将他们手下的网站拖入黑名单，这样就避免了鲁巴斯基将自己的托管业务直接托付给类似 Telia 和 Tiscali[①]重要互联网供应商的可能性。有了与官方的直接联系，鲁巴斯基的‘防弹’托管业务就不再需要向小中介 ISP 摇尾乞怜。只要执法机关能给出一丝甜头，这些中介 ISP 就会被逼入死角，而 RBN 就会万劫不复。”

为了克服这个障碍，“鲁巴斯基这小子省下一大笔钱，让 Eltel 享有来自国外的专用互联网。”弗卢勃列夫斯基回忆道，“他们将之称为‘俄罗斯商业网络’，简称 RBN。”根据弗卢勃列夫斯基的说法，鲁巴斯基任命天才少年尤金·瑟金科为 RBN 项目的主管，当时后者 20 多岁，在地下网络犯罪界被称作“飞人”。

在 RBN 成为全球恶意计算机犯罪的中心，即从钓鱼网站到充斥着壮阳广告的垃圾邮件等每天骚扰我们计算机恶意行为的巢穴时，“飞人”也迅速成为 RBN 和全球垃圾邮件瘟疫的代名词。

怎样干掉 RBN？

时间到了 2007 年，RBN 已经成为一个人人谈之色变的犯罪组织。

① Telia 是一家曾经占据市场主导地位的瑞典电信公司，其业务范围曾经遍布欧亚两洲；Tiscali 是一家意大利电信公司，主要提供国内服务，但在欧洲和香港也曾风靡一时。现在，Telia 和 Tiscali 都归到 TeliaSonera 旗下。

流氓服务托管商已经成为一个巨大的磁铁，将各种网络犯罪团伙招致麾下。虽然学院派学者和来自私营网络安保企业的专家们曾在一年前就对RBN的崛起敲响了警钟，并撰写了数不胜数的报告揭露数量庞大的网络钓鱼诈骗、充斥着壮阳广告的垃圾邮件以及瘫痪ISP、足以感染世界上数百万计互联网系统的托管恶意软件，但这些报告只是描述了RBN恶意软件恶行的少数几个方面，如某种恶意软件的创新开发、僵尸网络指挥中心或在RBN搭建的“温室”中如雨后春笋般涌现出的恶意网站。

我忽然意识到，从没有人将这些针对RBN的研究论文进行整理归纳为一篇足以涵盖所有恶意软件恶行的报告。虽然在当时，这些报告确实对RBN网络的基础支持设施造成了一定程度的打击，但我始终认为，集思广益去写出一套相关知识的大众读本，才能在民众面前一举揭露这个黑暗产业的丑恶面目。

我最近以《华盛顿邮报》一个新人记者的身份整理出一份关于网络犯罪的材料，尝试将RBN的情报汇总到一篇报道中，希望借此呼吁大众加强对互联网犯罪的关注。我一直坚信，网络犯罪社区最大的战略失误在于将所有的恶行集中于同一个区域。如果能让RBN受到其他互联网社区的排斥和回避，网络犯罪企业就会应声而倒。

和我就此进行过交流的网络安全专家称，这样的举措可以加大网络犯罪运营的成本，让犯罪分子们变成过街老鼠，难以找到安身立命之所。这样一来，对于我们这些日常网络用户来说，可能的结果是垃圾邮件越来越罕见，推广恶意软件和兜售儿童色情制品的网站越来越少。

不过对我来说，这种影响意义非凡：我们不仅能够有效减少甚至根除垃圾邮件、病毒、恶意软件和其他安全漏洞带来的问题，还能震慑藐视法律、令人发指的色情行业。少数拥有不良嗜好的成年人的畸形需求，造成儿童色情行业产业链迅猛发展，也使许多未成年人身心健康受到损害。

2007 年 6 月，我开始频繁搜集和 RBN 相关恶意网络行为的量化数据。在接下来的 4 个月中，事态逐渐明朗。我从各种渠道不断收集到许多恶意网站的地理位置，事实上有些网站已经不能用恶意来形容，简直就是残忍。最终，我得以将流氓网络托管企业及其发送的破坏性垃圾邮件的途径织成一张触目惊心的犯罪网，而有关“售药联盟之战”的零散报道也席卷而来。

RBN 的其他恶行还包括窃取其他著名网络安保公司的数据，受害的企业包括思科、戴尔公司安全部（Dell SecureWorks）、火眼（FireEye）、HostExploit、Marshall/M86、SANS 互联网风暴中心（SANS Internet Storm Center）、暗影服务器（Shadowserver）、Sunbelt Software（现已被 GFI 收购）、赛门铁克（Symantec）、Team Cymru、趋势科技（Trend Micro）和威瑞信等，这里不再一一赘述。

时任威瑞信公司网络安防情报部门应急处理主任的肯·邓娜姆称，他的团队曾经测试过 RBN 所托管的网络性能，认为其质量堪忧。“我们仔细检查并关联了所有信息，发现 RBN 简直一无是处。”邓娜姆说道，“我们曾经发现过 RBN 的托管网络中有网络犯罪的虚拟安全港，但实际上，托管主机内所有的单元都能和非法恶意软件扯上关系。”简而言之，像 RBN 这样犯罪性质的 ISP 必须立即从互联网上连根拔除。

也许是忌讳 RBN 背后神秘的俄罗斯犯罪组织的缘故，很多人在提及 RBN 时往往谈虎色变，公开揭露其本质的言论少之又少。我的其中一位消息人士是一名学者，每天都需要向联邦调查局递交记录 RBN 兜售儿童色情制品以及其他犯罪行为的卷宗，但他依然坦承自己从不敢将自己的所见所闻公之于众，因为他担心会遭到灭顶之灾。

“RBN 背后就是俄罗斯黑手党，他们寡廉鲜耻，杀人如麻。”这名学者解释道，“虽然我很想给你提供专业建议，但我实在不能拿自己家人的生命安全去冒险。”

类似的话我已经听了不下数十遍，但此时我急需一位专家挺身而出，协助我将 RBN 的丑恶行径记录在案，借以警示世界上“天真懵懂”的数百万网络犯罪受害者。经过了一番唇枪舌战，我终于说服了数位专家，鼓励他们勇敢地揭露真相。

2007 年 10 月 13 日，《华盛顿邮报》在头版刊登了一篇名为《网络犯罪不为人知的渠道：阴影中的俄罗斯企业》的报道，当日报社网站的主页上也刊登了大幅图片。

在这篇报道登出后不久，《华盛顿邮报》又在其 SecurityFix 博客页上登出了两篇补充报道，详述 RBN 的恶行，又列举出了和 RBN 交好并帮助其链接外网的 ISP。

一切的罪恶都暴露在睽睽众目之下：这些恶意网站臭名远扬，托管商们为了和 RBN 撇清关系纷纷撤资，一夜之间，RBN 成了非法、恶意网站藏污纳垢的罪恶源头，百舌莫辩。

在随后的几个星期内，数以万计曾经和 RBN 相连的网址被遗弃。曾经盘踞在这些网络地段的犯罪企业纷纷消失，他们转而投奔位于意大利、韩国和世界其他地区的“防弹”托管商。结果，在很短的时间内，虽然垃圾邮件傀儡仍在持续制造垃圾广告、散布包含恶意软件的网址，但是垃圾邮件中宣传的网站纷纷倒闭。从表面看，这场战役的胜利无关紧要，但对于网络安全社区来说，这相当于打响了“武装”反抗地下网络犯罪的第一枪。

不过，还是有人对这个突破性进展表示担忧。当 RBN 还是一个不良托管的集中体时，ISP 为数不多的几个防火墙指令还能针对它的攻击对其进行封堵。但在其分裂之后，RBN 能从十数个网络同时发动攻击，封堵反倒变得更为棘手。到现在为止，ISP 还不得不将其安全网扩散到更大的范围，以杜绝恶意网站、僵尸网络和邮件制造商的侵袭。但令人欣慰的是，地下网络犯罪界总算引起了 ISP、政府部门和各企业的重视。

然而，RBN 始终还是网络犯罪行为的冰山一角。2008 年 8 月，也就是 RBN 倒台的同时，我记录下了 Atrivo 的一系列网络犯罪记录。和年轻的尼古拉所在的马克罗互联网公司类似，Atrivo 是一家总部设于北加利福尼亚州的主机托管商。它同样藐视执法部门和安全社区关于连接恶意网站的限制政策，这和推行恶意软件传播的僵尸网络并无二致。我凭借相同的手段，从收集 RBN 犯罪数据的安保公司获取了 Atrivo 的信息，其中 HostExploit 的一篇报告令我受益匪浅。

媒体的责任就是揭露真相

我所撰写的网络犯罪系列引起了媒体和安保专家们越来越多的关注，也将 Atrivo 慢慢逼到了互联网的边缘地带。很快，Atrivo 在 ISP 业内的合作伙伴（为 Atrivo 在广泛的互联网环境内提供触媒）及其网络犯罪用户相继暴露在大众的视野之中。在大约两周的时间内，它们相继切断了与 Atrivo 网络的联系，销声匿迹。

在 Atrivo 原形毕露之后，一个最显著的结果就是暴风蠕虫的加速灭亡。暴风蠕虫是一个渗透并攻陷了美国境内数百万台个人电脑的臭名昭著的僵尸网络，正如我 2008 年 10 月 17 日在《华盛顿邮报》专栏 SecurityFix 博客页上描述的那样："在世界范围内，约有 20% 的垃圾邮件出自暴风蠕虫。"Atrivo 曾经为暴风蠕虫（Storm worm）的多台主服务器提供过托管服务；在 Atrivo 最后一台托管服务器被迫下线的 3 天前，暴风蠕虫爆发出了最后一波垃圾邮件发送狂潮，之后就归于沉寂。

在 Atrivo 崩溃一周后，一个可靠的消息人士（他和地下网络犯罪界很多臭名昭著的人物都有些交情）为我带来一个匿名黑客的口信。这位黑客对我击垮 Atrivo 深谋远虑的计划表示欣赏，但亦有些不快。这位神秘的网络罪犯对这位消息人士说："帮我向克雷布斯转达一下，'Atrivo 这事儿干得漂亮'，但是如果他正琢磨着对马克罗互联网公司下手的话，就有点痴心妄想了。"

我不知道这句话意味着什么，这个旁观者的语气中似乎隐隐透着一股威胁的气息。而且在听完这名消息人士的转述之后，我意识到自己已经无法回头。那个时候我已经作好了对马克罗互联网公司追根究底的准备。当发现与 Atrivo 合作的黑客和僵尸主控机还将一部分设施挂靠在马克罗互联网公司的托管主机上时，我意识到对马克罗互联网公司展开调查只是一个在逻辑上顺理成章的选择而已。在 Atrivo 倒下之后，马克罗互联网公司成为地下网络犯罪界最大的"防弹"网络托管商。

11 月 11 日，我将几个月以来苦心钻研的数据发给为马克罗互联网公司提供广泛网络触媒的两大 ISP 合作伙伴：环球电力和飓风电力公司（这两所公司的总部均设在美国）。此时我已经将研究的信息精心绘制成了一幅地图，上面详细标识了马克罗互联网公司的服务器如何利用北加利福尼亚州屈指可数的主服务器控制着 5 个最活跃的邮件僵尸网络。我认为，只要这两个合作伙伴看到了马克罗互联网公司进行恶意网络活动的记录，就会主动断绝合作关系，马克罗互联网公司就会陷入瘫痪。

几个小时后，我接到一位负责监控全球垃圾邮件动向的消息人士（他也知道我正准备对马克罗互联网公司下手）的电话。

“克雷布斯，你到底做了什么？”他赞不绝口地大笑道，“垃圾邮件数量锐减啊！马克罗好像从网络上消失了一样！”我不记得当时说了“谢谢”还是“再见”，只记得我在对方的兴奋吼叫中挂断了电话，然后又迅速地拨打了其他几个号码。所有人都帮我确定了一个事实：马克罗互联网公司已经不复存在，万维网上所有指向马克罗互联网公司的链接都失效了。我的任务完成了，至少暂时完成了。

后来我向飓风电气公司的市场部经理本尼·吴致电才弄清事情的来龙去脉：就在当天下午，飓风的 ISP 切断了和马克罗互联网公司的联系。“我们认真研读了你的报告后进行了细致的调查，在意识到事态的严重性后，都不约而同地大叫‘我的天啊！’。”本尼·吴说道，“所以在短短的一个小时内我们就切断了所有和马克罗互联网公司的网络连接。”

在马克罗互联网公司崩溃的几分钟后，我在博客撰写并发表了一篇记述马克罗互联网公司“出局”的文章。由于马克罗互联网公司在全球影响力巨大，这篇文章成为网络犯罪界最大的奇谈之一。然后我开始动笔为《华盛顿邮报》的官方网站以及次日的定版撰写了一篇更长的报道，出版的最终稿在我们这些网络记者的圈子里也掀起了轩然大波。

那天晚上我在家中焚膏继晷地工作到次日清晨，为这篇报道撰写后续文章，最后在黎明时分完稿的时候实体力不支，穿着睡衣趴在键盘上睡着了。

第二天上午晚些时候，那篇关于马克罗互联网公司的后续报道在《华盛顿邮报》官网上发表，并被放在了最显眼的位置，而该网站也成为当天关注度最高的网站。直到《华盛顿邮报》官网的一位律师看到这篇报道后大发雷霆。据说这篇报道的刊登并未征得律师们的首肯，因此后者强烈要求《华盛顿邮报》的网站撤回文章，直到事态被执法机关再三确认，并认定马克罗互联网公司罪行确凿之后才能重新刊登。

当一篇报道涉及的事实或指控可能会导致法律上的纠纷，尤其在当事团体极有可能提出法律诉讼时，《华盛顿邮报》的编辑和其他主流媒体通常会将文稿送交律师部门进行审核。一位来自《华盛顿邮报》官网的律师对于报道中关于马克罗互联网公司主事人（马克罗互联网公司的所有者一直拒绝发表任何评论）涉及“非法活动”的措辞大为光火。虽然马克罗互联网公司在光鲜外表之下从事的都是不为人知的肮脏交易，而且其网站上列举的全部都是匿名的即时通讯账户，因此该公司所有者就报道中的内容一直拒绝发表任何评论。毕竟，没有证据显示马克罗互联网公司的员工曾经从事过任何犯罪活动，我们对它的指控能够站得住脚吗？

我在上午刊登的报道上列举了大量马克罗互联网公司从事不法

勾当的证据，这些证据都是从不计其数的网络安全专家处收集到的。不幸的是，对刊登文章持反对意见的《华盛顿邮报》网站咨询律师是在手机上浏览这篇文章的，文中的超级链接在手机上无法显示，而这些链接所指向的正是大量第三方报道和马克罗互联网公司犯罪行为的佐证。对于这位律师来说，这篇报道只是言之无物的空谈，还有极大可能会招致对方的投诉：马克罗互联网公司虽然彻底倒闭，但在走投无路的情况之下很可能采取极端手段泄愤。

这名律师坚持要求《华盛顿邮报》撤回报道。在经历了一段时间的“抵抗”之后，出版方不得不作出妥协。他们既没有向我征询过报道内容是否属实，也没有要求我展示文中所提及到的各种物证，但是报道就这样消失了：上万名读者发现文中的链接全部失效。最终读者还是要转回我的博客寻找马克罗互联网公司倒台的新闻，我的邮箱迅速被关注后文的读者挤爆了。

对这篇网络犯罪史上最重要的报道的追随者来说，接下来的5个小时极其难熬，因为报道始终处于“被编辑”和“非法”的状态；大家翘首以盼后续报道，现在却没有了后文。此时此刻，律师们正逐行逐句地研读文章，将可能会招致口诛笔伐的词句逐一修改删减。

在经历了删减和修订之后，报道终于在当晚再度问世。但从那天开始，出自我笔下的任何稍稍涉及网络犯罪的文章都必须经过《华盛顿邮报》至少一位以上的资深编辑审核，且还要经过律师们的首肯之后才能登刊。在我和网络犯罪斗争的时光里，这样严苛的盘查一周要上演好几次。

在马克罗互联网公司遭遇滑铁卢之后，花费数周甚至数月才得以完稿的报道通常都被封禁在纸媒高层的邮箱中。甚至在一些案例中，后续报道一般都被《华盛顿邮报》官网的编辑或律师们无限期保留，难见天日。

遗憾的是，我的一篇报道也在此列。这篇报道的主题是网络犯罪活动的模式，为了它我花了6个月时间进行探访和写作，殚精竭虑，甚至追溯到了弗卢勃列夫斯基的ChronoPay活跃的时代。在那个时候，世界范围内发展最为蓬勃、获利最高的犯罪行为就是假冒杀毒软件（通常被人称为"骇人软件"）的传播。假冒杀毒软件通常会使用"弹出类"预警和其他诡计诱导毫不知情的网络用户购买毫无用处的安全软件。更变本加厉的是，这些冒牌安全程序中往往内嵌恶意软件，将个人主机变为喷吐垃圾邮件的傀儡机。

长期致力于研究"骇人软件"的网络安全专家们告诉我，在各类由"骇人软件"发起的信用卡违法支付的案件中，ChronoPay都涉足其中。而这个企业的创始人，即俄罗斯人巴维尔·弗卢勃列夫斯基更是与各种诈骗计谋的策划及分成有着密不可分的关系。

在2008年底之前，我对弗卢勃列夫斯基还知之甚少，不过我手下一名不愿透露姓名的俄罗斯消息人士曾催促我彻查ChronoPay在注册地荷兰的账目记录。这些记录显示，在2003年ChronoPay创立之初，是一家由弗卢勃列夫斯基和伊戈尔·古谢夫五五控股的企业。之后，这名消息人士又指引我核查该企业在2005年的数据。这一年，两名创始人分道扬镳。2006年，古谢夫另起炉灶，创办了流氓网络药店犯罪集团GlavMed-SpamIt。一年之后，弗卢勃列夫斯基创立了Rx-promotion，与古谢夫互竞雄长。

不过那时，初出茅庐的我还不清楚弗卢勃列夫斯基和Rx-promotion的关系，甚至没听说过伊戈尔·古谢夫的大名。我只知道

ChronoPay 和 Conficker 蠕虫，后者可能是迄今为止恶意软件所能传播的最致命的计算机病毒。蠕虫的早期版本将在被感染的电脑中开启一个后门，协助远程攻击者操控上百万台计算机并发布指令，使其自动从 Trafficconverter.biz 下载流氓杀毒软件。Trafficconverter.biz 是一家电子商务运营商，通过雇佣网络诈骗者将流氓杀毒软件植入个人电脑，并从中获利上千万美元，那时的 ChronoPay 正是为其提供支付服务的幕后黑手。

2009 年 3 月，我首次发现在假冒杀毒软件传播背后默默数钱的 ChronoPay。这个消息同样也为弗卢勃列夫斯基创建并拥有 Crutop.cn 这一事实提供了佐证，正是这个罪行累累的网上论坛喂养了出现在马克罗葬礼上大量的垃圾邮件制造商和网络诈骗犯。

我的报道引用了数位在 ChronoPay 发迹史上作出重大发现的安保专家的研究结论，但却被《华盛顿邮报》官网的资深编辑雪藏数月之久。这些编辑认定 ChronoPay 会凭借这篇报道将《华盛顿邮报》告上法庭。当然，我能够理解他们的顾虑。在一次电话访谈中，弗卢勃列夫斯基也曾威胁我，如果我照实报道，他将与我们对簿公堂。

不过，编辑这种犹豫不决的做法却直接导致了我撰写的另一篇关于 ChronoPay 报道搁浅。在马克罗帝国塌陷后，大量违法行为迅速另谋他路，在北加利福尼亚找到了托管服务器——三路光纤网络（业界简称 3FN）。数年来根植于马克罗互联网公司的垃圾邮件发送商和僵尸网络操控者见风使舵，转投 3FN 继续从事不法勾当。网罗当时俄罗斯境内垃圾邮件大鳄虚拟窝点的 Spamdot 论坛上发布的一条公告显示，在 2008 年 11 月，即马克罗互联网公司倒闭之时，3FN 的所有人将马克罗互联网公司的客户全部收归旗下。

在当时，3FN 也成了互联网上推广假冒杀毒软件网站的母巢。3FN 网站和马克罗互联网公司并无二致，而 ICQ 成为与 3FN 所有者沟通的唯一渠道。

为了让报道重见天日，我付出了坚持不懈的努力。在接连实施雷霆手段将 RBN、Atrivo 和马克罗互联网公司拉下马之后，我坚信，《华盛顿邮报》对读者，同时也对这个世界有一种义不容辞的责任，这种责任就是对互联网托管商实施媒体监控，将网络犯罪的恶行大白于天下，为互联网用户提供一个安全的避风港。主流媒体的负面报道会促进执法机关采取行动，在美国，甚至是全世界范围内降低网络犯罪对民众安全的威胁。不过，我的编辑们仍对重刊报道的后续影响耿耿于怀，认为这种举措势必会为《华盛顿邮报》招致灾难。

2009 年，我在《华盛顿邮报》的编辑会议上提到，在网络犯罪领域内，3FN 已经成为美国执法部门的关注焦点。但此时也有编辑提醒我，发出这种言论要有至少两个消息来源的证实，只有得到执法部门记录在案的确切调查结果或者托管服务商受到诉讼的相关证据，《华盛顿邮报》才会考虑将我控诉 3FN 控报道的解冻提上日程。不过此时案件卷宗已经被联邦法官封存，更悲惨的是，除了我在立法机关的消息人士之外，大多数人都对 3FN 一无所知。很遗憾，我的报道再次被雪藏。然后，在 2009 年 6 月 2 日，美国联邦贸易委员会（简称 FTC）终于说服北加利福尼亚地方法官掐断 3FN 公司上游互联网供应商的路由流量。

一瞬间，与 3FN 上行连接的 1.5 万个网站纷纷掉线。FTC 将 3FN 定性为“涉嫌雇佣犯罪人员、在明知违规的情形下托管并密切参与非法、恶意和有害内容传播的‘恶意’或‘黑帽’网络托管商的经营活动"。所谓的"有害内容"包含出租僵尸网络控制服务器、传播儿童色情业制品和假冒杀毒软件等等不一而足。

FTC 的举措对我来说无异于雪中送炭：一直以来我所寻求的支持者终于出现,调查得以继续进行。我的野心很大：弗卢勃列夫斯基、ChronoPay、他们在假冒杀毒软件市场上困扰了数百万消费者、威胁消费者身份安全、财产安全的内幕，我都想摸个通透。同样，向 3FN 寻求托管服务的 Crutop.nu 也在 FTC 的关注之列。FTC 将 Crutop 称为"网络罪犯交流技术战略"的市场，这是一个"垃圾邮件制造商交流各种牟利经验"的俄语网站。在一次针对俄罗斯成人网站论坛的讨论中，有消息显示 Crutop 拥有超过 8 000 名活跃会员，是 3FN 的最大消费者团体。

更能说明事实的是，在 3FN 崩溃之后、《华盛顿邮报》官网刊发 ChronoPay 与假冒杀毒软件业狼狈为奸的报道之前，Crutop.cn 的主页发表了一篇详细记述了 FTC 针对 3FN 实施行动的长篇大论。这可能是我第一次见识到弗卢勃列夫斯基的如簧巧舌。

文章的一段文字摘录如下：

> 最后，我们还想补充一点：虽然我们的员工从没把公司准则的第一条当回事，还对此往往一笑置之。但我们不禁好奇，来自美国（其中有十分之一的人会讲俄语）的 5 位专家，包括来自 NASA 的大牛们和声名远播的布莱恩·克雷布斯先生难道没有注意到，虽然我们的 Crutop.nu 是垃圾邮件论坛 SPAM 的一个分版，却从没有任何只言片语涉及垃圾邮件和网络犯罪，你们难道瞎了吗？

我撰写的关于弗卢勃列夫斯基以及ChronoPay在3FN中关键作用的报告在上交4个月后终于重见天日。虽然弗卢勃列夫斯基和ChronoPay没有提出任何法律诉讼，但《华盛顿邮报》的编辑们对我始终将笔锋针对网络罪犯的行为依旧忧心忡忡。并且其高层领导一直担心我撰写的涉及网络犯罪的报道并没有真凭实据，他们还认为我着眼于网络犯罪的做法太过狭隘，并未考虑到读者的实际需求和纸媒的出版政策。另外，他们认为我和那些位消息人士过从亲密，看法难免有失偏颇。

在某种层面上，我了解他们的顾虑。盲目排他、偏听偏信确实是记者的大忌，这些做法也确实会丧失新闻的广泛性和公允性。但我也知道，我所需要的只是更多、更可靠的情报来源，尤其是活跃于网络犯罪界的情报来源。我一直认为，3FN的报道是重中之重，我必须追查到底，将报道撇去不管无疑会丧失掉揭露网络犯罪真相的好机会。

在2009年中的一次会议上，《华盛顿邮报》官网的编辑解释道，尽管我在Security Fix博客页上的文章凭借热门的话题吸引了不少眼球，吸引了一批忠实读者，但报道的角度和《华盛顿邮报》一贯坚持的原则，即深入线人基层，“从华盛顿出发，为华盛顿报道”并不符合。

当时《华盛顿邮报》正在经历一个漫长而痛苦的整合期，而“从华盛顿出发，为华盛顿报道”这一原则正是他们当时的中心议题。《华盛顿邮报》希望借此将独立为战的各部门整合到一起，削减运营成本。

《华盛顿邮报》高层智囊团所得到的结论是，为了进一步削减成本，应该调整纸媒和网站的报道重点，多关注报道一些首都当地的事件，并向读者们展示首都的一言一行、一举一动如何影响世界。公司甚至还计划关闭美国的一些主流新闻部门，转而依靠美联社或路透社的远程信息。

编辑们希望我能多花些时间关注一些其他的问题，比如科技政策，尤其是科技新规范，以及紧跟政策的未来科技创新。但我志不在此，我只想继续进行网络犯罪的研究。在就职于《华盛顿邮报》的早期，我也曾尝试着在报道中贯彻公司的政策，但我发现，那样的工作单调无聊，并且死板僵化。

对政策的妥协也意味着我要抛弃过去 4 年内积累的信息来源，尤其是安插在安保产业和网络犯罪界内部的消息人士。当时，网络攻击每个月都在朝着一个更复杂、更严峻的方向发展，美国境内无数中小型组织深受其害，我对其展开的一系列调查正在紧要关头。经过审慎的研究和调查之后，我终于得以窥探到东欧境内有组织的大型网络犯罪团体的恶行。

历经数月的调查研究之后，我最终摸清了犯罪组织的成员、窝点、日常犯罪行为以及他们的攻击目标。受害者通常会在毫不知情的情况下被盗取成千上万甚至高达百万美元的资产。虽然小型企业和营利组织的银行账户由专人管理，但在网络犯罪团伙面前无疑螳臂当车。当时，我正急于将自己的发现公之于众。

除此之外，我开始意识到，ChronoPay 和弗卢勃列夫斯基只不过是网络犯罪界的冰山一角；在横亘俄罗斯和东欧的地下网络犯罪的版图中，他们只是几块最显眼的高地而已。

在《华盛顿邮报》供职 14 年后，我被扫地出门，拿到了 6 个月的遣散费，但我已经争取到了足够的时间为下一步的行动制定计划。我依稀记得 2010 年 1 月 1 日四处奔走、寻找下一份工作的艰难时刻。当时的我满怀梦想，但对未来一无所知。

关于离职的事情，我只和家人以及两名非常信任的消息人士讨论过。不过令我感到困惑的是，在正式离职还不到一个月的时间里，我在 Crutop.nu 的网站上看到了一篇名为《克雷布斯被华盛顿邮报解职》的报道，很显然会员们正在为这个消息弹冠相庆，极尽嘲讽之能事。这令我非常困惑：这些人是如何得知我被解雇的事情？

会员们在帖中写道："如果你不认识克雷布斯先生，我们这里可以给你提个醒：他就是那个在《华盛顿邮报》SecurityFix 博客上檄文的作者，老是死盯着 Atrivo、马克罗互联网公司、EstDomains，UrkTeleGroup 和 3FN 不放，上述企业的倒闭便是拜他所赐。"其他会员则奔走相告，整个论坛中欢声雷动："感谢您，圣诞老人！""圣诞老人收到了我的许愿信！"这种私人信息却以如此公开的方式暴露在垃圾邮件黑客猖獗的公共论坛上，确实让人感到恐怖和不安，但这也坚定了我继续努力揭发垃圾邮件行业内幕的决心。

在 Crutop.nu 的那篇帖子挂出的两周前，我刚刚匿名注册了 KrebsonSecurity.com 的域名。但究竟要在新闻发布会上公布还是在个人博客上昭告天下，我有些犹豫不决。不过接下来一些消息纷至沓来：我有几位供职于其他主流媒体的同事也惨遭开除，净身出户。还有一些被安排到更加商业化的部门。听到这些消息之后，我倒是冷静下来：看来主流纸媒或网络媒体门户已经不大适合我了。但是单枪匹马、白手起家，还要养家糊口，一想到这些我就头疼，还有几次切切实实地吓到了我。

但以此同时，我脑海中的另一个念头却蠢蠢欲动，不断鼓励着我追求成功，搭建一个基于个人原创报道的媒体平台。当我读到 Crutop

网站的帖子之后，我知道这可能是人生中一次重大的挑战，不过真正的男人就该直面这样的挑衅！情况很快有了可喜进展，我了解到俄罗斯读者们对 Crutop 网站的帖子表示不满，并准备向我提供一些文件，这些文件正是 ChronoPay 参与地下网络犯罪的佐证。虽然我怀疑，这事件的背后推手很有可能就是与弗卢勃列夫斯基先友后敌的伊戈尔·古谢夫，但我终究不敢确定。但是我很快下定决心，对于这种主动投诚的线人，我还是张开双臂欢迎为妙。

“希望你不要误会。”一位化名为鲍里斯的线人在邮件中提醒我，“这些家伙极有可能是弗卢勃列夫斯基本人，肯定会报复你，后果可能会有些惨烈。”此前，鲍里斯承诺过向我提供大量 ChronoPay 从事不法活动的证据。鲍里斯和其他线人信守承诺，但他们的警告也一语成谶。在收到各类举报文件几天后，匿名恐吓信就尾随而至。但此时，我已经将以往的迟疑和顾虑一扫而空。

我要开始工作了！

第3章

网络泄密，谁之过?

The Pharma Wars

观看盗版电影或盗版音乐时，你是否会收到莫名其妙的弹窗通知？面对咄咄逼人的防盗版法规，你是否会缴纳所谓的侵权费？一直以来，假冒杀毒软件都是微软用户的噩梦，现在，风靡世界的苹果系统也沦陷了！

苹果系统也不安全

2010年5月14日早晨，一封言语散漫又令人心生厌恶的邮件悄悄潜入我的收件箱。邮件的匿名发送者称他已经拜读了我的博客，里面记录了我前些日子在纽约州北部针对网络犯罪做出的公开演讲。邮件内容如下：

布莱恩：

你真是个烫手的山芋。很显然你的妻子很宠溺你，竟然允许你像个孩子一样胡闹。我倒是很有兴趣看看你哪天才能长大。

我们很欣赏你。但我还是要说，你的妻子对你的宠爱是对的。虽然你在这个领域拥有过人的天赋，但你现在该停手了，然后把你的事业转交给所谓的"专业人士"。你最近在北纽约州的那份报告促使我写了这封信，现在向你做最后一次请求。当然，这是在一切都没有太晚之前……

诚然，你的妻子爱你入骨，但生活让她尝尽了苦头。你应该让你的妻子去和专业人士交流一下。这名专业人士很可能是位女性。但如果你温顺的妻子继续纵容你，她会在你从地下室出来吃麦片之前把她的眼球当做早餐。

想知道我为什么写这封信吗？原因很简单。虽然我很欣赏你的所作所为，但想到你总在和我作对，我心里就很不舒服。不过，我知道你们这些所谓“艺术家”的通病：你总会觉得别人理解你眼中的美。但很遗憾，我们没有。

总之，下一步该怎么做由你决定。当然，我准备先从你的妻子下手。真不知道她看到这封信的时候会做出怎样的表情。

之后我会找个律师。当然，如果你的妻子继续如此“爱你入骨”，可能你也得找一个律师。

这封信将弗卢勃列夫斯基的语言风格展示得淋漓尽致：言辞恶毒、态度散漫，虽然生动考究，但比喻错位。在 Crutop.nu 论坛我时常能看到这种弗卢勃列夫斯基披着“红眼”（RedEye）的马甲作出的长篇大论。在摧毁主机托管商 3FN 的行动中，美国联邦贸易委员会（简称 FTC）将 Crutop.nu 描述为“充斥着从垃圾邮件中牟利的违法言论的论坛”。

早期，弗卢勃列夫斯基就因创建了暴力色情网站而声名大噪，其中绝大多数视频含有强奸、乱伦和兽交场面。在企业注册登记记录中，他的名字和 ChronoPay 的地址指向一家名为“Red&Partners BV”的公司。在荷兰政府的一份法律文件中，撰写人将其定性为一家由弗卢勃列夫斯基创立的“成人网站联盟计划”的母公司。虽然ChronoPay百般否认，但正如我在2009年《华盛顿邮报》发表的一篇报道中记录的那样，ChronoPay.com和Red&Partner（re-partners.biz）共用相同的域名服务器以及用来追踪网站访问者的谷歌分析代码。许多混迹于Crutop.nu的版主都以倒卖弗卢勃列夫斯基或论坛中其他色情片商的产品获取高额利润。

其实除了古怪且具有威胁性的语言，我倒并不能肯定这封恐吓信确实出自弗卢勃列夫斯基之手。这只是我的直觉，因为这封信发出的时机着实可疑。

就在6个月前，我终于下定决心单打独斗，建立私人博客KrebsOnSecurity.com。我每天都在这个博客里发表针对网络犯罪所做的调查报道，借以唤醒公众意识的觉醒，联合抵制这类非法行为。那次，我告诉弗卢勃列夫斯基，我正准备采用伊利亚·波诺马列夫针对他的指控撰写一篇文章，两天后就收到了这封恐吓邮件。伊利亚·波诺马列夫是一名俄罗斯国家高科技发展小组委员会代表，他曾向俄罗斯调查员致信，大赞我之前为《华盛顿邮报》撰写的报道，这篇报道的内容是针对弗卢勃列夫斯基和ChronoPay的指控。

对我来说，波诺马列夫的信中还包含了一条珍贵的新信息：它向我展示了俄罗斯政治内部普遍的腐败和落后。令人难以置信的是，在大多数线人眼中，弗卢勃列夫斯基是经营互联网界最臭名昭著的药品类垃圾邮件程序Rx-Promotion的恶棍，但他竟然当选了俄罗斯电信和大众传播委员会反垃圾邮件工作组的主席，甚至还被俄罗斯总统梅德韦杰夫钦点为政府反垃圾邮件法的立法顾问！可以说，波诺马列夫恨透了弗卢勃列夫斯基，巴不得将其除之而后快。

当我就波诺马列夫的信件内容向弗卢勃列夫斯基求证的时候，他却在众目睽睽之下抵赖，坚称自己和 Rx-promotion 没有任何瓜葛，对垃圾邮件的事更是一无所知。他甚至还反咬一口，指证我因接受敌对势力的贿赂而大肆编排他的负面新闻。这次，他又信誓旦旦地准备控告我，除了恐吓之外，还准备采取法律程序。其实，在我们唇枪舌剑的同时，他已经暗暗下手了。但我后来了解到，在最后一刻，他的律师和 ChronoPay 的主管们及时阻止，因为他们没有一丝胜算。相反，若真的打起官司来，这起案件肯定会演变成一场旷日持久的拉锯战；到那时，ChronoPay 更多上不了台面的内幕就会大白于天下。

话说回来，我只是收到了弗卢勃列夫斯基的一封恐吓信而已，其他的一切又是怎么了解到的呢？其实在这个时候，我又收到了数十封泄密邮件。这些邮件显示，为了让我停止行动，弗卢勃列夫斯基已经从华盛顿首府杜安·莫里斯律师事务所雇佣了一名俄语律师，并准备花 10 万美元的大价钱以诽谤罪起诉我，就因为我撰写了关于 ChronoPay 假冒杀毒软件和制药业邮件阴谋的文章。

这些邮件是我收到的第一批举报文件。一年以来，大量黑客选择以这种匿名的方式为我提供证据，希望借以扳倒 ChronoPay 和弗卢勃列夫斯基。随着我对地下网络犯罪活动调查的深入，我逐渐了解到他们双方日益加深的矛盾。当我第一次收到这些匿名举报材料时，我曾经怀疑这些邮件和文件都是伪造品，目的就是让我相信这些信息确实是从 ChronoPay 中窃取出来的。因为通常对方会给我提供一个链接，指向一个免费的文件共享网站。不过后来我打消了这一顾虑，因为这些记录数量庞大、过于复杂且相互关联。

几个月后，弗卢勃列夫斯基本人也在一通电话中证实了这些材料的真实性：匿名黑客和ChronoPay的内部人士泄露了公司内部巨大的缓存函件，其中包括数以万计的邮件和会计文件，还有弗卢勃列夫斯基长达数百小时的电话录音。这些信息“精心”地记录了ChronoPay在假冒杀毒软件活动和制药业邮件阴谋中的关键角色，以及它用网络公司的外壳粉饰自己，并在境外银行开办账户的事实。所有信息都被整理成清晰条理的Excel表格，还有一些就是弗卢勃列夫斯基本人的录音，可以说铁证如山。

这些被盗取的缓存文件不仅为ChronoPay及其高管人员的不当行为提供了物证，还包含了大量地下网络犯罪界大佬们不为人知且错综复杂的秘辛。

我花了几个月时间通读这些材料，又费了一番工夫才挖掘出其中最重要的邮件和文件。其中一项困难是，在我获得离线访问权限的ChronoPay员工邮箱里，十分讽刺地堆满了各种各样的垃圾邮件，因此在我使用关键字（即可能涉及ChronoPay建立幌子公司，实施联合计划或者操纵垃圾邮件运营的关键字）搜索筛选重要文件时误报频频。然而，最大的麻烦在于，这些海量邮件几乎都是用俄语书写，某些固定术语或名词还常常会有斯拉夫字母和俄语语义对等词的拼写变体，一些词汇甚至还是用速记体标识的，我只能一一查询。

所幸4年前我曾经自学过一段时间俄语。在《华盛顿邮报》工作期间，我曾花费大量时间登录过许多地下俄语论坛“汲取营养”。这些论坛的成员不仅对西方人充满恶意，还对使用英语交流的会员实行严惩，甚至会将其账号强制注销。为了攻克这门艰深难懂的语言，我从本地图书馆借来俄语入门的CD恶补了60个小时。到了2008年，我终于掌握了这门语言，可以在不借助任何在线翻译软件下就能轻松读懂论坛中的各种信息。对于我这种调查记者来说，只有真正理解原文才能保证语义的准确性。而且，这也有助于提高研究效率。

在埋首研读文件的同时，我发现了大量弗卢勃列夫斯基和斯坦尼斯拉夫·马尔采夫（曾经供职于俄罗斯内务部，是一名调查员）之间的通信。2007 年，负责对弗卢勃列夫斯基违法活动调查的正是马尔采夫本人。不过很快马尔采夫就向弗卢勃列夫斯基倒戈，成为后者的安保负责人。当然，那场针对弗卢勃列夫斯基的调查也不了了之。弗卢勃列夫斯基声称，所谓“指控”只不过是出自竞争对手的诬告，是对手“敲山震虎”，刻意为之。然而，ChronoPay 公司内部的虚拟财富机制，即使用一种虚拟货币对版主和邮件制造商支付财富以便不留痕迹地躲过官方货币的追查，却被无情瓦解了。

但最终有件事变得逐渐明朗，即 ChronoPay 的高层主管曾经采取措施，试图将公司见不得光的生意，如 Rx-promotion 制药业垃圾邮件程序或假冒杀毒软件业务与招揽合法客源的经营分割开来，不过无疾而终。据 ChronoPay 泄露的邮件显示，在 2010 年 8 月，弗卢勃列夫斯基曾经授权一笔高达 37 350 卢布（约 1 200 美元）的支出，用于购买一项多用户许可证，该许可证指向的正是名为 MegaPlan 的网络项目开发服务，主要负责追踪和管理工作。

ChronoPay 的客户们使用 MegaPlan 账户追踪支付进程、客户订单量以及与这些违法项目相关的广告合作商。他们模仿昆汀·塔伦蒂诺的电影《落水狗》中的情节，为自己取了各式各样的诨名，如“弯曲先生”、“怪奇先生”、“圣殿先生”以及“甘道夫先生”。

不过，由于一次堪称经典的操作性失误，许多雇主的 MegaPlan

讯息和密码被自动转送到Chronopay的管理邮箱中，最终大批泄露成为我手中的珍贵文件。据ChronoPay的MegaPlan主页上挂出的组织机构表显示，前调查员马尔采夫（绰号“赫普纳先生”）已经在大老板弗卢勃列夫斯基（绰号红眼）的提拔下成为Rx-Promotion的副经理。

一直在茫茫黑暗中苦苦摸索的我终于找到了揭开秘密的钥匙。MegaPlan账户为我提供了最为宝贵的信息，它详细描述了ChronoPay在培植假冒杀毒软件,即“骇人软件”市场中所扮演的关键角色。“骇人软件”是一种恶意软件程序，通过使用误导性的警告弹窗向个人电脑用户“示警”，借以挟持受害者的计算机，直到受害者找到方法删除软件或者向恶意软件购买许可证为止。

这类恶意程序流毒甚广，影响了世界上数千万个人电脑用户，借此牟取暴利。没有遭遇过类似袭击的个人电脑用户简直凤毛麟角；只要收到了类似信息，就等于收到了一张通知书，即你的电脑已经被垃圾邮件制造商或者其他恶意软件远程挟持。如果收到类似可疑消息，千万不要点击！先尝试通过专业杀毒软件将这些恶意软件卸载，或者向Epilogue寻求建议，避免遭遇类似问题。

我所掌握的泄露文件显示，ChronoPay的高风险（或称“地下”）部门一直在勤勉地工作，以保持在“骇人软件”业的领先地位。2010年3月，ChronoPay开始为icpp-online提供付款处理服务。icpp-online是一个富有革新精神的诈骗网站，通过强制受害者缴纳“侵权费”、支付“预审金”牟取暴利。

正如互联网安全公司F-Secure当时所描述，icpp-online的访问者通常会收到一个通知，称“防盗版扫描器”在受害者的计算机中发现了盗版音像和音乐文件，需要通过信用卡缴纳400美元罚款。拒绝受罚的客户将面临监禁和巨额的罚金处罚。虽然行骗套路简单，但异常有效。因为大多数人都观看过盗版电影或听过盗版音乐，所以受害者往往会对此深信不疑。结果有成千上万的人落入圈套。

问题来了：许多年来，“骇人软件”一直都是微软 Windows 系统使用者浏览网页时的梦魇。但从 2011 年 5 月开始，“骇人软件”的传播者首次将矛头指向了苹果 Mac OS X 操作系统的用户。至此，垃圾邮件和恶意软件的攻击范围被大大放宽，再也无人能够幸免。

根据内部泄露的文件显示，ChronoPay 在这次“技术创新”中也有撇不开的关系。在第一波袭击过后，众多苹果用户在论坛上表示，大部分人是在浏览域名为 mac-defence.com 的网站时被蒙蔽，进而付费下载了新型恶意软件。其他人也纷纷附言，揭露出一个名为 macbookprotection.com 的网站也在兜售类似的假冒安全软件。后来，在我第一次彻查该网站的注册记录时，果不其然，找到了 ChronoPay 的蛛丝马迹。

在以上两个网站域名的注册记录中，无一例外的出现了一个邮箱：fc@mail-eye.com。据 ChronoPay 泄露的文件证实，mail-eye.com 正是 ChronoPay 名下的邮箱域名，其虚拟服务器位于德国。记录还显示，fc@mail-eye.com 这个地址属于 ChronoPay 的财务总监亚历山大・沃克瓦。现在物证在手、万事俱备，让公众看清他们嘴脸的时候到了。

网络间谍：廉价战争工具

在波诺马列夫的报道问世后，我几乎每天都能接到弗卢勃列夫斯基的骚扰电话，而且每一次的来电号码都不同。我曾经问过弗卢勃列夫斯基，为什么每次致电都要使用不同的俄罗斯境内号码，他满不在乎地回答，他拥有不下9部手机。他还解释道，俄罗斯政府特工的监视令他不堪其扰，频繁更换手机号码是每一名成功俄罗斯商人的必备常识。

起初，我以为他只是喜欢做秀，要么就是性格过于偏执。后来我才知道，俄罗斯政府对他采取了相当严密的高级别监视。"古谢夫在博客中列出了一个名字，此人效力于FSB，正在调查弗卢勃列夫斯基的案子。"在一次通话中，ChronoPay的老板（弗卢勃列夫斯基自作聪明地用了第三人称指代自己）说道："他们一直在监听我的电话，肯定也会知道我和你通过电话。"

通话过程中，我突然意识到，电话另一端正是我梦寐以求的那个声音。我发现除却对他的了解之外，这家伙竟然还有些人格魅力，他的聪明、风趣甚至令我有些着迷。然而，事实上他是个非常粗鲁傲慢的人，经常在公众场合大放厥词。他时常自嘲，还有一大堆关于俄罗斯政府要员、掮客、网络罪犯的奇闻轶事。虽然有些不着边际，但打开了话匣子之后，弗卢勃列夫斯基便饶有兴致地讲起了故事，一桩桩一件件，口若悬河，就像是在讲述一部刚看完的肥皂剧。

从时区上计算，莫斯科应该比华盛顿首府（即东部时间）早8个小时，这就意味着弗卢勃列夫斯基经常从ChronoPay办公室回家的路上跟我聊天。简而言之，每当我准备静心投入工作的时候，亲爱的弗卢勃列夫斯基却谈兴正浓。我曾多次言语暗示，比起听他滔滔不绝地讲几个小时废话，我还有更重要的工作去做，但他对我的提醒视若无睹。有好几次我不得不挂断他的电话。

随着调查逐步深入，我掌握了弗卢勃列夫斯基越来越多的罪证。一开始，我以为他打电话过来目的是为了威胁我，好让我在著书立说时放放水。不过在每次谈话中，弗卢勃列夫斯基都将自己描述为抵制网络犯罪的先驱，似乎他存在的意义就是彻底捣毁垃圾邮件产业，将所有邮件制造商投入牢房，大有“不达目的誓不罢休”的决心。

弗卢勃列夫斯基一直在暗示我：其实我并没有掌握网络犯罪的线索，在深入俄罗斯本地调查之前没有任何发言权。在一次通话中，他甚至邀请我前往莫斯科。这也是我第一次觉得，我的对手还是有些良知的。

“我建议你到莫斯科来一趟，如果你没钱的话……据我所知，美国的记者都很穷……我可以给你报销机票。”在 2010 年 5 月 8 日的一次通话中，弗卢勃列夫斯基得意地说道。

我当即礼貌地婉拒他的邀请。弗卢勃列夫斯基哈哈大笑，说我误解了他的意思：他并不准备贿赂或者恐吓我，但事实的确如此。

“你可能在担心，如果你真的来莫斯科或者 ChronoPay 的办公室，会不会被我谋杀。这个想法很有趣。”弗卢勃列夫斯基自顾自地说着。事实上这正是我的顾虑，“来莫斯科吧，亲眼看个明白。拿上你的笔记本电脑，到我的办公室转转。坐在我面前，环视四周。因为，其实你现在掌握的信息，不都是事实。”后来，我满足了弗卢勃列夫斯基的要求。

在与弗卢勃列夫斯基持续通话一个月（有时每天通话两次）之后，我突然意识到他每天都在向我灌输一些真假参半的消息，这些消息的指向都是除了他之外的其他网络罪犯，他试图通过这种方法让我的研究和写作转向其他人。

不过，这些谈话最重要的消极影响，不是占用了我一大半的工作时间，而是他向我灌输的所谓“真理”和“事实”，以及稍显偏执的“阴谋论”正逐渐蚕食我的思想，将我的注意力慢慢拉偏。有一次，我直接说出了自己的猜想：他希望我沉浸在他所讲述的俄罗斯地下世界的奇闻轶事中，从而放松调查。弗卢勃列夫斯基哈哈大笑，随即挂断了电话。

“你知道吗，布莱恩，有时候你真让我吃惊。我是说真的。他妈的，这也是我欣赏你的原因。”他接通了我的回电，鼻息粗重，显然还没有从刚才乐不可支的情绪中回过神来，“我为什么要这么说？因为很有趣。有的时候你的表现就像个傻子，但是又能一语中的。真见鬼，克雷布斯，有的时候你比听上去要聪明得多。”

弗卢勃列夫斯基很善变，喜怒无常，不管是喃喃低语还是大呼小叫，总是脏话连篇；有时候却语气低沉，冷静的可怕，让我误以为电话那边已经换了一个人。谈话有时候会持续到深夜，他的妻子薇拉和 3 个孩子早早地就去休息了，而他会喝上几杯，或者用别的方法舒缓压力。

后来，我将收到举报文件的消息通知了弗卢勃列夫斯基。在之后的一通“电话马拉松”中，他情绪不佳，甚至直截了当地提出付给我 3 万美元，一次性买回我手中的资料。我将自己掌握的信息和盘托出，因为我知道，精明如他，肯定早就搞清了我手上的王牌。很明显，与找回泄露的资料相比，让我保持沉默是更好的选择。我礼貌地谢绝了他提供的优厚报酬，并告诉他，虽然这个价钱让我受宠若惊，但我还是决定继续调查。

我很快意识到，弗卢勃列夫斯基在下一盘更大的棋：他准备采取手段，重新树立起 ChronoPay 的正面形象。这次他下手的对象正是以前的老搭档，也是现在生意上的死敌，即坚定不移地贯彻“制药业联盟计划”的 Rx-Promotion 首脑伊戈尔·古谢夫。弗卢勃列夫斯基一直认为，当然准确地说是我个人的猜想，正是古谢夫或者其手下偷偷泄露了 ChronoPay 的内部邮件和其他文件。

就在 ChronoPay 第一批文件泄露的同时，亚当•德雷克给我发了一封邮件，向我透露了一个离奇的消息。他是我的消息人士之一，在一个反垃圾邮件社区中工作，我曾经向他讲述过弗卢勃列夫斯基和我煲电话粥的事。德雷克的一位化名为“Despduck”的神秘线人声称自己入侵了 GlavMed-SpamIt 的数据库，这对兄弟程序正是世界上大部分垃圾邮件背后的始作俑者。Despduck 中的“Desp”部分正是取自伊戈尔－古谢夫的中间名。在 2003 年，他曾和弗卢勃列夫斯基共同创立了 ChronoPay，两年后另起炉灶，创建了 GlavMed-SpamIt。

邮件内容如下：

布莱恩，你最近有关俄罗斯政府针对 SpamIt 的调查报告，我已拜读。(《追着金钱走》＜下＞，网址：http://krebsonsecurity.com/2010/05/following-the-money-part-ii/)

我手下有一名俄罗斯线人声称自己曾是 GlavMed-SpamIt 的成员，他最近联系我，说手上有一大批珍贵情报。我亟欲与你分享这些信息。之所以这么做，是因为我需要借助你的头脑，听听你的看法。

我的线人还说，他手上掌握了大量的原始数据，这些数据和 GlavMed-SpamIt 成员聚集的窝点相关。如果这些数据合法，我准备把它们交给警方。为了调查这个组织，从去年开始我就加入了一个团队，团队成员包括国际刑警和联邦调查局的特工，所以不能大张旗鼓地调查。

如果这些情报不合你的胃口，或者勾不起你的兴趣，你大可无视。不过我相信你会感兴趣的，因为这些数据背后的组织也是伪劣杀毒软件事件的幕后黑手。

最后，祝你安好。

我立刻嗅出了一丝阴谋的味道：这个人是弗卢勃列夫斯基。我向德雷克索要了一份 Despduck 的邮件副本。阅读过后，我简直无法相信自己的眼睛，因为这看起来就像有人亲耳听到弗卢勃列夫斯基本人在讲述那些故事一样真实。邮件洋洋洒洒两千余字，将 ChronoPay 背后的肮脏交易条分缕析，酣畅淋漓。

我提醒德雷克，现在弗卢勃列夫斯基肯定也对他恨之入骨，迟早会来纠缠。他也坦承，一名在执法部门工作、同时也对弗卢勃列夫斯基了解甚深的朋友看过 Despduck 的邮件后，也得出了相同的结论。

不过，Despduck 的信件还是让我隐隐约约感到一丝不安。一周后，当我再次读起这封邮件，并将其和弗卢勃列夫斯基的恐吓信对比，才终于发现两者之间的相似之处。不论是 Despduck 还是弗卢勃列夫斯基，在信件中凡是需要小写“You”或者“Your”的时候，无论出现在什么位置或使用多少次，“y”统统采取了大写的形式“Y”。反观信件中其他涉及字母“Y”的单词拼写，都没有出现过类似的大小写转换错误。

我恍然大悟：在我收到的那封恐吓信中，即提到了眼球的那封邮件，也就是我在电话中向弗卢勃列夫斯基转述波诺马列夫针对他的指控后收到的那封，确实也存在着相似的拼写习惯。事态逐渐明朗。

不过有一件事还是让我很费解：先是威胁恐吓，后又极力拉拢，弗卢勃列夫斯基为什么要如此劳心费力、多管齐下地对付我？一名来自反垃圾邮件联盟的线人与我共同分析了 Despduck 的邮件之后，给出了一个答案。原来弗卢勃列夫斯基一直深信，我收了他的死对头古谢夫的好处，所以才不遗余力地撰文拉他下水。他似乎还相信其实我的另一个身份就是 RBN 的内部成员。虽然弗卢勃列夫斯基极力否认自己和 RBN 的关系，不过，与此同时，他名下的制药业垃圾邮件网站和伪劣杀毒软件计划正在 RBN 的庇护下如火如荼地经营着。

Despduck 信件内容如下，其中所有的“You”中的“Y”大小写依旧不分：

> 不管你是否相信，布莱恩·克雷布斯拿了 RBN 那帮家伙的好处，其中大部分来自 GlavMed。所以他才会写出那样的报道。克雷布斯笔下言之凿凿的所谓“事实”统统源于一个假设，即 re-partner.biz 是 ChronoPay 的官方网址，这当然是无稽之谈！随便哪一个人都可以把网址开设在任何地方。
>
> 随后，伊利亚·波诺马列夫（并非俄罗斯的政治领袖）给俄罗斯警方写了一封信，妄想用克雷布斯的信息整垮弗卢勃列夫斯基。真是个愚蠢的尝试，不过他也可能是做做样子，好从古谢夫那争取更多的酬金。很明显，他们的话纯属子虚乌有：毕竟在俄罗斯境内，ChronoPay 还是一块很硬的品牌，有着强大的信誉。ChronoPay 很快就会对克雷布斯提出指控，

> 波诺马列夫也学了乖，他又给警方写了一封信，慌忙解释他并非有意针对弗卢勃列夫斯基。
>
> 这一系列的污蔑都事出有因，弗卢勃列夫斯基正和俄罗斯政府合作，全力打击垃圾邮件的传播，在国际上帮助俄罗斯树立正面的形象。这样一来，垃圾邮件制造商难免对他恨之入骨。如果你们还有其他的问题，我会不遗余力地帮助你们解答。

和上次情形相同，在信中，Despduck将弗卢勃列夫斯基描绘成了一名在媒体不公正待遇和商业对手围攻下忍辱负重的斗士，好像他是网络罪犯的眼中钉、肉中刺。到此为止，我更加确信，这个所谓的Despduck，就是弗卢勃列夫斯基本人无疑。

2010年7月12日，一位仅通过邮件与我联络的匿名线人又为我提供了一大批来自ChronoPay的泄露文件。这名在邮件中只使用“鲍里斯”化名的线人表示，他曾经尝试将这些文件提供给俄罗斯当局，但对方已经被弗卢勃列夫斯基彻底腐化，更别说开展调查。

> 布莱恩：
>
> 我为你提供的那批文件中，包括了ChronoPay和巴维尔·弗卢勃列夫斯基利用垃圾邮件非法牟利的大量信息。虽然我们已经尝试了所有方法争取俄罗斯当局的介入，但令人遗憾的是，俄罗斯警方已经被完全腐化，他们不仅叫停了案件的调查，还将卷宗全部密封起来。
>
> 总之，我们希望你能妥善利用这些信息，还网络世界和

普通的网民一个清静。在一周前，我们把同样的文件转交给了美国联邦调查局。

祝好运

鲍里斯

鲍里斯提供的文件显示，弗卢勃列夫斯基雇佣了一位名叫努道尔·托福伦斯的黑客侵入古谢夫的SpamIt数据库，窃取了大量商业组织支付信息和客户记录。在两人的通信邮件中（时间自2010年4月8日至6月初），托福伦斯准备将自己盗来的数据卖给弗卢勃列夫斯基，要价两万美元。不过由于数据库容量庞大，托福伦斯不得不将所有数据分拆成若干数据包。

经过一番讨价还价，最终成交价格为1.5万美元，双方协定通过WebMoney[①]进行交易。交易分两次进行，弗卢勃列夫斯基需先支付7 500美元获得一半文件，这笔钱直接汇入托福伦斯的WebMoney账户，随后再支付尾款得到全部数据库。从之后的邮件中得知，弗卢勃列夫斯基支付了第一笔7 500美元的定金，然而在结清尾款的时候试图赖账。

后来在我采访托福伦斯时，他向我承认，自己确实受到弗卢勃列夫斯基的雇佣盗取GlavMed-SpamIt的数据，而且弗卢勃列夫斯基也的确欠了他一半的佣金。

在ChronoPay的绝密资料泄露后大概一周时间里，德雷克给我打了通电话，原来Despduck又给他发送了一份GlavMed-SpamIt的数

① WebMoney，由WebMoney Transfer Techology公司开发的一种在线电子商务支付系统，在俄罗斯和东欧颇受欢迎。

据库拷贝。这次，我终于开始相信，使用 Despduck 这个化名的人就是弗卢勃列夫斯基，正是他本人向我泄露了 GlavMed-SpamIt 的客户数据库；而为我源源不断提供 ChronoPay 信息的所谓“鲍里斯”，也不过是古谢夫的一个小号而已。

在收到 GlavMed-SpamIt 的数据库拷贝资料那天，我正在撰写一篇关于一种新型的电脑蠕虫的博文。这种蠕虫结构复杂，难以应付，简直就是辅佐谍报人员的窥探利器。这是我所撰写的第一篇关于恶意软件的普及型读物，主角是一种凭借前所未有的复杂性而闻名遐迩的 Stuxnet 蠕虫病毒程序。后来经有关专家调查证实，它是由以色列和美国情报机构为了阻挠伊朗在俄武器计划方面的野心而联手研发的。

在发表博文的同时，我正在缅因州的约克市陪我的妻子和母亲度假；我曾经信誓旦旦地表示，在休假这一周内，要放下所有的工作，专心享受生活。

不过在报道发表后，十多通电话访谈接踵而至，我只好瞒着家人重返工作，潜心研究在反垃圾邮件社区工作的那位线人为我提供的资料。

德雷克在他的网络服务器上为我注册了一个账户，将 GlavMed-SpamIt 的数据库上传到了这个新账户中。这次的文件中包含了多达十亿千兆的宝贵信息。更直观地说，如果将 SpamIt 数据库的全部信息印刷在 3 英尺厚的书本上，那么需要一个足球场长度的书架才能装得下这些书册。

ChronoPay 泄露的内部数据容量之巨令我大跌眼镜，我需要清空 Macbook 的硬盘为 SpamIt 的文件腾出空间。我坐在缅因州海滩的躺椅上，敞开的笔记本电脑静静地躺在我的膝盖上。听着耳边海浪的澎湃声，我开始意识到前路任重而道远。接下来，我不仅要从地球上最大的两个垃圾邮件服务商的原始数据库中挖掘关键信息，还要时刻提防世界上最穷凶极恶的网络犯罪分子对我进行疯狂的报复。

第4章

与买家相会

Meet the Buyers

什么人会购买垃圾邮件中推销的商品？这种侵入性的商品营销会吸引怎样的受众？在网络药店购买的药品真的有效吗？不遵医嘱滥用药品，消费者的健康状况如何保障？

你敢在网络药店买药吗?

我的最终目标是揭穿僵尸主控机商的真实嘴脸。他们散发了世界上绝大多数的垃圾邮件，并从中牟取暴利。但我也深深地意识到，从这两大流氓厂商的海量数据库中去伪存精要花费数月，甚至是数年的时间。

到目前为止，我的发现只是局限在个别地区的少许案例，前面还有更多的深入调查等着我去做。所以，寻找一个无懈可击、颠扑不破的案例并将其定性，才是我打击网络罪犯恶性活动的当务之急。因此，我决定将视角转向网络犯罪的直接受害者：即受到垃圾邮件蒙蔽，购买并服用了伪劣药品的客户群。

生活中，几乎每个人都收到过涉及药品药剂的垃圾邮件，即兜售廉价处方药或性功能增强药剂的邮件，它们总是突如其来地出现在收件箱、垃圾邮件过滤器和垃圾箱中。可能这个消息算不上骇人听闻，但通过流氓药品网站成交的约 70% 的药剂都是功能增强药物，如伟哥、犀利士之流，甚至从未订购过勃起功能障碍（即ED）药物的男性客户也会不时收到类似的样药。此外，这些流氓药店网站几乎全部存在于古谢夫的GlavMed-SpamIt和弗卢勃列夫斯基的Rx-Promotion所发送的促销垃圾邮件中。药品公司往往会在顾客的订单中附上2～4盒免费药品，看来他们确实对自己生产的性功能增强药剂的疗效很有信心。弗卢勃列夫斯基一直否认自己是Rx-Promotion的联合创始人之一，但承认ChronoPay为药品网站提供过收付服务。至于古谢夫则在公开场合否认了自己经营SpamIt的事实。不过有证据显示，这两人都在说谎。

对于消费者来说，从不知名的药品网站上购药本就不可靠，而且完全没有必要去冒这么大的风险。去正规药店购买不是挺好吗？确实，我也非常好奇那些从非正常渠道购药的顾客们到底是出于怎样的想法，他们对买到的药品满意吗，难道不会有一种被抢劫的感觉吗？我认为，要是能够采访到足够数量的买家并证实他们的用药效果并未达到预期，把他们反映的情况揭露出来后，说不定能够有效降低类似药品的需求，最终将垃圾邮件商赶出这个行业。

幸好我手上还有Rx-Promotion和GlavMed-SpamIt的绝密信息，能够轻易找到上百万名买家的姓名、电话号码、地址和信用卡账号。在这么多买家中，有些刚“入行”不久，他们手中应该还有存量药品。我迫不及待地想去采访他们，说不定还可以得到一些样品，拿到合格的药剂实验室去测一测这些药品的成分。

虽然直接致电给伟哥和犀利士的买家这个想法非常诱人，但还是被我否决了。一方面我考虑到，买家频繁登录这种“夜间营业”的黑作坊购买勃起障碍药品，肯定有难言之隐。说不定他们口中的故事会勾起我的窥秘欲望，或者让我对他们产生同情，这样一来我会分心。我的目的只是了解两个重要问题，即买家是谁，以及他们购买的原因。不过和买家们最初的几次接触确实对我的报告产生了影响。

就在对 GlavMed 的买家开展电话访谈的几天后，我拨通了一位从网上购买伟哥的男性客户的电话，不料接电话的却是他的妻子。我向她说明了电话采访的目的。听闻丈夫曾在几个月前购买过犀利士，这位女士泣不成声。原来丈夫一直瞒着她，她也想不通为何丈夫会需要这种东西。在这次悲悲戚戚的短暂访谈结束后，我下定决心，以后绝不能再给只购买治疗勃起功能障碍药品的客户打电话了。

在之后的两个月内，我陆陆续续地采访了 400 多名 SpamIt 的客户，其中大部分人不是立刻挂断电话，就是拒绝接受采访。尽管如此，我还是成功采访到了至少 45 名购买过心脏用药、抗抑郁药和甲状腺疾病药品的客户。

我渐渐对他们的身份、购买动机、他们的行为如何影响其他人，以及其他人，即永远不会打开垃圾邮件、更不会被邮件中的广告蛊惑进而购物的人对这些买家的看法有了更清晰的了解。

现实中，大部分人对这些买家的行为不以为然，尤其是垃圾邮件的反对者。毕竟，如他们所说，如果大家不再受垃圾邮件的诱导购物，垃圾邮件这个产业以及它对网络用户身份信息和人身安全的威胁就会自行消亡。不过，与大众的认知相左，通过垃圾邮件购物的买家并不迟钝也不疯狂，虽然没有受过高等教育，但大部分人在购物时还是能根据自己的首要需求进行对比选择，理智消费。

1. **价格和承受能力：**据买家（并非购买性功能增强性药

剂的消费者）表示，他们之所以购买垃圾邮件中兜售的药品，不是没有医疗保险，就是被低廉的价格所吸引，这些看起来合法的加拿大药物网站销售的药品要比正规来源的药品便宜 2 ～ 5 倍。实际上，垃圾邮件制造商只是借用了加拿大制药商的良好商誉。其实这些药品的产地分布在印度和中国，兜售药品的网站也是受了僵尸主控机的控制，以便于邮件制造商散布垃圾邮件。

2. **隐秘性**：出于尴尬或羞涩，客户们的购买行为都是背着自己的配偶或爱人偷偷摸摸进行。我所采访到的客户大致分为两种类型：其一是罹患羞于启齿的性病，其二是为了助长“性致”，以便在爱人面前大展雄风。令人遗憾的是，根据订单历史显示，一些顾客同时符合了两种类型，在这些网站上流连忘返，深陷危险而浑然不觉。

3. **便捷性**：网上购药无需处方，还能配送到家，方便至极。另外，很多受访买家称，他们之前曾经患过类似的疾病，购买这些药品只是以备不时之需。这些“自开处方”的买家们觉得，花钱看医生，或者花更高的价格到当地药店购买药品的行为完全没有意义。

4. **依赖性**：买家购买的药品大部分在美国境内是禁用的，因为有潜在的致瘾性。主要品种包括如通用羟考酮、氢可酮、曲马多之类的止痛药，还包括苯丁胺（一种强烈的兴奋剂）之类的减肥药，或诸如相马、舒乐安定之类的安眠药。由于这些药物具有强烈的致瘾性，买家们就更容易成为不断提供丰厚利润的回头客。

挣扎在亚健康边缘的无医保人群

SpamIt 的买家们通过垃圾邮件购买药物的原因有很多，据我所知最首要的原因就是价格低廉，尤其是对罹患慢性疾病的患者来说。

绝大多数 SpamIt 的买家居住在美国，这是世界上处方药品价格最为高昂的国家。其他大多数国家，如加拿大、印度、英国都实行了价格管制，所以和这些国家相比，美国的药价很高。一所健康护理成本研究所的调查显示，仅在 2012 年，美国通用药品的价格平均上涨了 5.3%，而品牌药品的上涨幅度更是离谱，竟高达 25%。

当然还有其他原因导致了美国境内处方药价格一路飙升：在过去数十年中，市场对药品的需求持续暴增，针对消费者和医疗机构的品牌处方药竞争日趋激烈，药商们必须订制高药价以冲抵高额研发费用，加之美国药业市场严苛的准入壁垒，更使这种情况雪上加霜。据《福布斯》杂志 2012 年的一篇报道解释，制药公司向市场推销一款新药的成本约为 3.5 亿美元。

除此之外，还有一些不得不列出的事实。2011 年，圣地亚哥加利福尼亚大学的研究院写了一份具有里程碑式意义的论文：论文中研究了网络非法药业的经济形势，并寻找出一种研究方法，将网上药店的无数消费记录逆向追溯到 EvaPharmacy，一个与 Rx-Promotion 和 SpamIt 分庭抗礼的非法兜售药品的母巢。研究人员发现，美国买家和加拿大或西欧的顾客在药品选购方面天差地别。他们将 EvaPharmacy 售卖的药品分为两个亚类，即“生活方式类”，如勃起功能障碍类药物和生长激素类药物以及“非生活方式类”，包括用于应对焦虑症、感染性鼻窦炎、高血压、脱发、癌症和肥胖症的药物。

研究员们发现，在美国，约有 33% 的买家购买了“非生活方式类”药物；与之相对，加拿大和西欧的消费者似乎对“生活方式类”药物情有独钟，只有 8% 的买家在购物车中添置了“非生活方式类”药物。换句话说，大多数美国人只是通过垃圾邮件购买了能够治疗相应病症的处方药品，而非仅仅为了满足“性致”和爱欲。

“我们推测，这种差异可能源于两种医疗保障制度的差别。在加拿大和西欧国家，医疗保险制度覆盖的范围更加全面，人们在外在市场除了购买促进生活情趣的药品之外，别无需求。”研究员在文中写道，“相反，在美国，还有一些人群挣扎在‘无医保’或‘无全面医保’的尴尬境地中。因此，通过垃圾邮件大肆广告的非处方药市场才能不断扩大，以满足这些弱势人群的药品需求。据观察，85% 的美国买家购买了‘非生活方式类’药品，这个数据更加证实了我们的推测。”

有趣的是，我所采访的数十名 SpamIt 的客户都认为，他们在网上订购的药品和本地医药商店贩卖的药物并无区别，但是价格会便宜许多。实际上，大多数顾客对购买的商品十分满意，因此才会乐此不疲地逐月光顾。

亨利・韦伯，今年 42 岁，是加利福尼亚周的一名不动产商。在我电话采访他的时候，他已经在网上药店中陆陆续续地买了 3 年药品，而且他表示在我联系他之前他还没有看清这些药品的真面目。从成年伊始，韦伯就一直在和抑郁症抗争，直到 10 年前他的医生给他开了草酸艾司西酞普兰片（抗抑郁处方药）。自那以后，数年以来，韦伯每个月要在这种平均疗程 90 天的药物上花费 500 美元。

直到有一天，他无意中点开了一封推销草酸艾司西酞普兰片的垃圾邮件，发现售价只是原价的四分之一。自那之后，他就开始在不同的“加拿大网上药店”购买药品，每一次的购物经历都令他很满意。

“这些药品和我在正规药店花500块购买的药品完全相同，无论是吸塑包装还是其他方面，简直以假乱真。”韦伯感慨道，“唯一让我感到不满的是，作为一个美国人，我竟然要到境外的网站上才能购买这些买得起的药品，真让人觉得悲哀。”

不过，在首次采访的数个月后，韦伯停止了网上购药的行为，因为他服用这些药品后感到了不适。除此之外，韦伯也陷入了其他网购消费者所面临的困境：网络药品商向跗骨之蛆一样对他进行骚扰，试图将他拽回来，继续消费。

“他们每天都要给我打几个电话，没有一刻清静。”韦伯说道，“我的电话号码和所有的生意都挂钩，不能随便更换；这些家伙非常狡猾，他们会将来电ID设为本地号码，有的电话我不敢不接，生怕是地产客户的来电。真是防不胜防。”

虽然在消费者群众鲜为人知，但竞相抬高价格的做法却是主流药品厂家拖延廉价药品入市的缄默自守的铁则。据美国联邦贸易委员会（FTC）调查，在2010年财政年度中，制药公司间的串联交易达到了前所未有的高峰。2009～2010年，财政年度中串联交易从行业规模的19%飙升至31%，涨幅近60%。总体看来，在2010年财政年度内，22个不同品牌的制药公司联手，掌控美国境内高达93亿美元的年度销售额。

克雷格·S是北卡罗来纳州的一名退休保险推销员。对于制药公司和医保人员漫抬药价的做法他有过亲身体会。克雷格长期患有二型糖尿病，一直以来，医生为他开的处方药都是廉价的吡格列酮。克雷格说，他在保险业工作24年，他的雇主一直为他提供医保，其中就包括廉价药品方面的福利。在访谈前一年，他的老板突然停止支付医保，鼓励所有雇员开立保健储蓄账户（即 HSA）。从此，每人每年只能得到 1 000 美元的医疗补贴。

但很快克雷格就发现，HSA 计划中并不包括治疗他糖尿病的吡格列酮。奇怪的是，克雷格却能使用自己的 HSA 信用卡从 GlavMed 上花 178 美元购买疗程 90 天的吡格列酮：价格如此低廉，而且还有免费寄送服务。

“我的医生让我每个月花 212 美元买药，我告诉他：滚开。”克雷格说道，“从医疗计划中购买这个品牌的药品要比网上贵 3 倍。”

我又问，他对这种垃圾邮件兜售的药品质量、功效和安全性会不会有所怀疑，他答道：“不怎么担心。”他说，每隔 90 天，他还要去看一次医生。检查结果显示，从 GlavMed 订购的药物疗效还不错，他的糖尿病目前比较稳定。

现在最让他担心的是，他所订购的药品会在某一天断货。有一次，他收到药品的时间比平时晚了一个星期，他尝试着拨打了热线电话，但是无人应答。不过目前看来，药品供货商那边的药品供应似乎又恢复了正常。克雷格说，每隔几个月，在药品即将用完的前 3 个星期，总会有个印度口音的人打电话过来，询问他是不是还需要续订。

伊利诺斯州的土著史蒂夫一直怀疑女朋友背着自己偷腥，但他一直将信将疑，直到有一天看到了一些含有爆炸性消息的短信才认命。

“我需要一些药物来处理自己的‘偷腥女友综合征’。”在访谈中谈起自己购药的动机时，史蒂夫一脸疲惫，“她给我发了信息，说她染上了淋病，还建议我也去做个检查。”

这一个月对史蒂夫来说分外难熬，不光是因为女朋友背着他和一名同事勾勾搭搭并和他分手，害他染病（幸好可以治愈），还因为他的公司，一家环境监测企业刚刚将他开除。现在史蒂夫失去了医疗保险。

“我在职的时候每个月还能从COBRA医疗险中拿到三四百美元。”史蒂文称，“但现在我成了无业游民，要交房租，又要还车贷，生活费还得自理。现在的处境简直糟糕透顶。”

他的前女友非常贴心地把自己医生开出的处方药名称——500毫克红霉素片剂发给了史蒂夫。史蒂夫上网搜索这种药，正好发现一个加拿大药店能解决自己的燃眉之急。实际上，史蒂夫发现的药店是由中国的一台主机进行托管的，GlavMed充当中介，药品也是由印度进口的。史蒂夫共花了60美元，7天之后收到了这些抗生素药剂，他开始了对抗性病的漫漫征途。

虽然事出紧急，不得不从权，但史蒂夫称自己对这次通过GlavMed的购物体验还算满意。要是病症将来死灰复燃，他也不介意再购买一次。“你问我还会不会再买？那是当然。要是能从网上买到便宜货，为什么我非得花上75美元傻傻地去买处方药？我的意思是，我在网上便宜购买到的药片数量足够治愈5个患者。他们的价格简直让你不忍心拒绝。”

正如以上买家的亲身经历所表明，大多数的美国人之所以选择从垃圾邮件广告中购买药品，无非出于两个原因：其一，正规药店中的商品价格太昂贵；其二，他们的医保中并不包括这些高价处方药的花销。不过，虽然史蒂夫对自己的购物经验非常满意，虽然购买抗病药物或养生药品的行为非常普遍，但慢性病药剂的回头客迟早都会买到一两次假冒药品。

正如前文所述，通过垃圾邮件推销的药品商通常会从世界上不同地区的渠道进货，难免会有滥竽充数的厂家混淆其间，而他们的药品从安全性和效果上看都有可能是不达标的。正像亨利的案例中显示，劣质药品只会让买家感到不适，而在更极端的案例中，劣质药品可能会将买家送进医院，甚至太平间。

家住华盛顿首府的约翰是一名职业律师。他在办公桌上花费了太多时间，总想找个快捷方法让自己一跃变成肌肉男。在网上几个健身论坛转了一圈之后，他听了几个傻瓜的建议，开始服用一些在法律意义上含糊不清的类固醇药物。在摄入药物数月后，约翰跑了几趟健身房，然后惊奇地发现，这些药物还真的让自己骨瘦如柴的体格长出了几磅重的肌肉。

不过在 2010 年二月份的一天，约翰突然发现在自己的乳头附近出现了水肿，还有轻微的刺痛感。他怀疑是药物起了副作用。由于服用药物之后，面对医生总有些羞于启齿，于是他又来到健身论坛上，找那些白痴网友寻求建议。

网友们告诉他，他可能是由于长期服用类固醇类药物而患上了“男子女性型乳房综合征”。其临床表现为男性乳腺的反常增生，而导致乳房膨胀。

“在医学上对这样的病症有一个简称，‘guyno’，但论坛中的人喜欢戏称其为‘大咪咪’。”约翰颓丧着脸说道，“网友们说，如果不立即采取药物治疗和矫正，就必须对乳房做整形手术。我不想做手术。”

据论坛上的新网友称，治疗方案中必须坚持服用一种能够抵消“guyno”荷尔蒙的处方药物。论坛中的成员将其称为“费马拉”，这种药物通常用于治疗绝经后早期乳腺癌。

在将网络翻了个底朝天之后，约翰最终从 Glavmed 旗下一个名为 elitepharmacy.com 的网站买到了 2.5 毫克的费马拉片剂，价格为 136 美元，两星期一疗程。他等了整整 3 个月，却始终没有收到药品。因此，他取消了 GlavMed 的订单，转而到一个与 GlavMed 毫无联系的网上药店购买。据约翰后来回忆，其实两个网站几乎毫无差别。后来，之前的网站为拖延送货道歉，并将约翰支付的药费退回了他的信用卡中。

约翰从第二个网络药店购买的药物装在一个牛皮纸信封中，发自印度，不过药片的吹塑包装上却用银箔字体反复印刷着“诺华”的商标，伪装得天衣无缝。据约翰回忆，这药品和正品根本没什么区别，服用之后，乳头周围的水肿和增生大大缓解，将他乳房进一步“坚挺化”的趋势扼杀在了摇篮之中。

“一开始我对整个购药过程都抱着怀疑态度，不过最后还是成功了。”约翰说道，“我甚至觉得取消了第一家的订单是在浪费时间。我也有想过这可能是个暗箱操作……不过他们真的给我退了款。”

约翰的经历帮助我们摸清了网上售药程序要确保顾客满意的真实目的。其实，他们并非是为了让购物者感到愉悦，而是试图通过取悦购物者来阻止他们“拒付”。所谓“拒付”，就是消费者就网络药店商家的欺诈行为或其他不良行为提出求偿，不仅不用支付货款，还可以获得退款。收到过多“拒付”请求的网络药店将支出更高的处理费，最终会被勒令罚款，甚至被封销账号。

GlavMed 的客户数据库中的信息显示，网络药店销售方雇佣了数十个客服人员，全天 24 小时运营，通过电话或网络向客户提供既有订单的咨询服务。

维什涅夫斯基（第 1 章中提到的垃圾邮件制造商，他曾与 GlavMed-SpamIt 合作，为 Cutwail 僵尸网络的发展提供资金支持）在一次即时消息访谈中提道，在网络药店提交订单的顾客总能通过向网络药店的 800 专线致电投诉申请到退款。“只要商铺的‘拒付率’超过总销量的 1%，银行就会强制封锁商家的账户。”维什涅夫斯基说道，“没人敢扣着客户的钱不退款，封锁账户的风险太高。因此，向网络药店联盟计划客户服务部致电申请退款的顾客总能无往不利。”

不遵医嘱的准妈妈

来自维吉尼亚州的金伯莉是 GlavMed 的一位善于“自开处方”的客户，但她对最近的一笔消费不大满意，并且成功申请到了退款。一直以来，金伯莉和她的丈夫被不孕症所困扰。丈夫就职于军事部门，因工作需要长期在外。

金伯莉想当母亲想红了眼睛，希望能在丈夫下一次一年期海外驻扎动身前成功受孕。身为专业护士，金伯莉清楚，助孕医生开出的处方是一种名为克罗米芬的促排卵助孕药，所以她决定自己从网上订购克罗米芬。

“基本上，我知道这种药品的服用方法，以及应该采取的应对措施。向医生咨询的信息也无非是一大通没用的说教，还要花一大笔钱，所以还不如我自己动手。”金伯莉解释道，“但我的选择并不草率，不是看见一个网站就立即下单了。我做了大量对比调查，直到从众多网站中看到一家比较特别的网站才决定购买。”

几个星期后，金伯莉收到邮寄的一个棕褐色信封，封皮上扣着印度的邮戳。打开之后，克罗米芬的吹塑包装倒是没错，不过金伯莉注意到，药品已经过期了。她不依不饶的要求退货，也很快收到了退款。不过，讽刺的是，就在她收到退款的几天后，她竟然莫名其妙地怀上了，根本就不需要借助药物。

但是她还说，自从在网上订购了药品之后，自己的收件箱就没消停过。她依旧关注着网上药店的运营人员，以防止对方使用她的信用卡进行欺诈性消费。

“那次之后，那些店员给我发了上百万封垃圾邮件。”金伯莉抱怨道，“我知道，对我来说，上网订购药品肯定不是最好的选择，但我当时真的走投无路。我很庆幸自己没有服用那些药品，它们很有可能会伤到我肚子里的孩子。”

维什涅夫斯基解释道，只要客户曾经对垃圾邮件作出过反应，或者通过垃圾邮件下过单，那么就会被垃圾邮件长期骚扰。实际上，买家邮箱地址本身就是一种珍贵的商品，在黑客和垃圾邮件制造商眼中不异于一座座金矿，被窃取和倒卖也是正常现象。还记得维什涅夫斯基遗忘在马克罗互联网公司服务器中的200万个顾客邮箱地址吗？只要有人发现了获取文件的正确路径，就能畅通无阻地进行下载。

但是维什涅夫斯基还解释道，“只要从网上药店购买过商品，就会招致信用卡诈骗”是一种常见的误解。无论是SpamIt、GlavMed还是其他兜售药品的垃圾邮件商，都不会轻易地向哪怕盟友泄露自己客户的信用卡数据，因为他们将其视为私有资源。

“售药网站的管理员知道，通过信用卡诈骗根本无利可图，还要冒着被封锁账号的风险，即意味着过高的拒付率和求偿率，这根本不值得。”维什涅夫斯基解释道。

滥用药物？小心药品变毒品！

我从名单中甄选出的大多数客户拒绝了我的采访。而且，所有卖家都是从弗卢勃列夫斯基 Rx-Promotion 的联盟网站上进行订购的。Rx-Promotion 为为数不多的几个流氓药店联盟网站提供了藏匿的窝点：他们兜售的止痛药、兴奋剂和其他药剂都是受到美国政府以及其他政府当局严格控制的。研究记录显示，GlavMed 在最初成立的两年内，也曾经向买家销售过类似的被禁药物，但在我开始调查时已经金盆洗手。

戈兰，前东欧战犯，目前 41 岁，居住在美国。20 年前，他的后背受过重伤。很久以前，他的医生就不再给他开氢可酮一类的止痛剂了，所以他每个月要花上 250 ~ 500 美元从网上订购，并捎带买上一些曲马多，这种行为在他所居住的州内可是重罪。据 Rx-Promotion 泄露的数据显示，在 2010 年，戈兰前前后后多次购买了这类药品。

戈兰对我说，到目前为止，他对自己的购物体验还算满意，用药效果也与之前医生开出的处方药没什么区别。他还说，网上购买的药品通常是从香港运来的，有正规的吹塑包装，裹在厚厚实实的密封自封袋中。

戈兰感慨道，要是没有这些止痛药，他根本就无法管理自己的运输业务。“在这个国家里，如果不工作，你知道自己会变成什么样吗？”他自问自答，“你会成为一个无家可归的可怜虫。”

也许戈兰购买药品治疗自己背疾的动机是合理的，但我怀疑他的药品大部分都是不合法的。有趣的是，我在 GlavMed 的数据库中发现了一些蛛丝马迹：在网上药品售卖计划中购物的部分买家却是为了倒卖药品。我找到了伯明翰市阿拉巴马大学计算机取证中心研究主任加里·华纳，并和他分享了 GlavMed 的泄露数据。他针对数据库进行了一系列的查询测试，试图寻找到一个明晰的消费者行为模式。

“根据我们的研究结果显示，若是买家在 GlavMed 上购买次数超过 5 单，那么就有 80% ~ 85% 的几率是在购买曲马多或者相马。”华纳解释道，“不过问题在于，他购买药品是为了个人服用，还是为了倒卖呢？这些药品的市价大约是每粒 5 美元。也就是说，如果你从 GlavMed 上订购药品，然后再一粒一粒地卖出去，算下来，每瓶的净利润就是 1 300 美元。”

与我分享了 Px-Promotion 销售数据的加州大学圣地亚哥分校的研究人员也发现，有许多迹象表明，网上伪劣药店的主要收入来源于回头客。研究小组还发现，Rx-Promotion 利润中 48% 来自这些在美国境内严格限制的药品销售。

“事实上，在 Rx-Promotion 网站上处方药品的泛滥以及 SpamIt 网站上充斥着相马或曲马多的现象，这与我们先前的假设不谋而合，即致瘾性药物的滥用成了广大民众药物需求的潜在助力。”UCSD 的专家组成员们在调查报告上如此记录道。

其实，我难以获得受访者关于 Glavmed 和 Rx-Promotion 药品有效性和安全性的第一手资料。虽然几乎每位受访者都信誓旦旦地保证会将他们购买的药品寄个一两粒过来，但最终只有一名受访者付诸行动。在寄来的样品中，伟哥和其他药品被装在同一个包装袋里，在运送途中碎成了粉末。所有的药品都受到了严重的污染，完全不具备任何实验价值。

所以，当我探明了买家订购相关药物、助长垃圾邮件歪风邪气的原因，并获得了可信度极高的数据后，我决定深入挖掘 GlavMed 和 Rx-Promotion 的会员和用户信息。因此，我急需来自华纳和其他具备突出学术能力的研究人员的帮助，并借助他们的设备仪器对药品进行检测。不过当时我并不知道,研究员们其实早就着手进行研究了，只不过被行政上的繁文缛节和制造业方面的阻力所累。我知道，一个隐藏在网上药品买家背后更加黑暗、凶险的事实正等待着我去揭晓。

第5章

虚拟时代“流行病”

Russian Roulette

网络流氓药店兜售的假药从何而来？食品药品监督管理局以及制药企业是否采取有效手段进行回击？而搜索引擎，比如谷歌、百度，竟然从网络流氓药店获利？

印度：专注仿制药品 45 年

2006 年圣诞节后不到 24 小时，玛西亚・贝热龙死于药品滥用：她将几种从所谓“加拿大网上药品商店”购买的药物混在一起服用。邻居发现了她的尸体。随后，相关部门在她的家中发现了 100 多粒通用药物，其中包括镇静剂、抗抑郁症药物和退热净。

57 岁的贝热龙是加拿大不列颠哥伦比亚省科迪亚岛的居民。在悲剧发生的前几天，她就开始出现脱发、视力模糊的症状。根据法医报告，“贝热龙女士曾罹患多种疾病。在写给朋友的一封邮件中，她将这些病症描述为持续的恶心反胃、痢疾、关节疼痛和其他不适感。她在当地的朋友也注意到了她脱发、视力模糊的症状。在去世之前，贝热龙还有强烈的疲倦和呕吐感。”

验尸报告表明，贝热龙死于慢性中毒，根本原因是被药品中的危险化学成分所害。不列颠哥伦比亚省法医局称，长期服用网上商店兜售的药物正是致使贝热龙死亡的罪魁祸首。

毒理学检测表明，这些药品中含有大量重金属元素，这类金属通常是各类化学填充物的主要原料，而生产设备被微量元素感染也会造成药品污染。药品中的重金属元素包括锶、铀、铅在内，极小的剂量就足以对人体造成难以挽回的损害，重则致死。

不过，贝热龙购药网站的幕后黑手是谁仍然不明。虽然 GlavMed 以及其他互联网行销网站上兜售的药品看似产自加拿大，该国以廉价药品闻名于世，但实际上大部分药品的货源是印度境内的几家制药厂。请注意，印度是世界上最大的合法品牌药剂和仿制药品的产地之一。其余的 40 余家厂商和供货商则遍布印度和巴基斯坦。有些厂家拥有转卖合法品牌药品的资格，有些则没有。很显然，贝热龙购药的商家不具有售药资格。

印度拥有过硬技术实力、充足人力资源和充分生产条件，促进了制药业的蓬勃发展，每年都会生产海量药品。虽然印度制药厂商们饱受欧美国家制药厂家对于其专利侵犯指控的困扰，但每年创造的收益还是相当客观，甚至多达百亿美元。

正如 2012 年 5 月特约作家维卡斯 · 巴贾和安德鲁 · 波拉克在《纽约时报》发表评论称，印度和西方制药公司之间的争端自 20 世纪 70 年代就已初见端倪。彼时印度已经停止对药物专利的授权。虽然在 2005 年，由于世贸组织的强势介入，印度又恢复了保护药物专利的政策，但该协议对 1995 年前生产的药品没有追加任何规定，还是有一些不良厂家钻了空子。

《纽约时报》称，自那之后，印度一跃成为世界级制药厂商，并在近 20 年内成为全球贫困国家进口廉价仿制药品的最大供货商。西方制药厂家以“限制药品专利传播”和“放任廉价仿冒药品肆虐”的名义，多次对印度政府和印度制药业提出指控，并宣称印度的做法扼杀了科研创新精神，使制药业遭受了重大损失，甚至使救生药品的科研项目停滞，这是对全人类不负责任的表现。不过印度制药公司辩称，正是由于他们的努力，贫困国家的人们才可以买到买得起的药品，才得以应对艾滋病和癌症的侵袭。

在一次高调的法庭对决中，印度制药商和瑞士制药巨头诺华集团（Novarti）对簿公堂，双方争论的焦点在于是否继续允许印度公司生产诺华治疗白血病的拳头产品格列卫（Gleevec）的仿制产品。据《纽约时报》报道显示：格列卫每年的生产成本高达 7 万美元，而印度的伪造产品却只需要 2 500 美元。2013 年 5 月，印度最高法院宣布，诺华对于格列卫药品专利的辩护申请不予通过。

问题在于，虽然印度方面极力标榜自己施惠大众的菩萨心肠，为其私利目的"据理力争"，但却不能保证这些非品牌药的安全性和有效性。美国制药业曾宣称，任何游离于"获批生产链"之外的伪造处方药品，轻则低于标准，重则有害健康且违法。不管说辞中是否有夸张成分，美国制药商们总算说对了一件事：大多数在药品营销网站上出售的商品都出自不合格厂商，因此贸然服用必然会面临巨大风险。

有关假冒伪劣医药产品以及带给消费者的安全隐患的统计数据无疑耸人听闻。据世界卫生组织的调查结果显示，每年出口到美国境内的大宗药品中约有 8% 是未经批准且低于安全标准的仿冒品。在全世界范围内，约有 10% 的药品交易，即市值 210 亿美元的交易涉及伪劣药品。《国际临床实践期刊》（简称 IJCP）曾经发起一个研究项目，并在 2012 年刊发调查结果称，实际数字可能还是上述数据的 3 倍。据 IJCP 估计，在 2005 ～ 2010 年的 5 年内，全世界范围内的伪劣药品交易数额翻了一番，已高达 750 亿美元。据“网上药店安全联盟”估计，网络上大约同时活跃着 3 万～ 4 万家网络药店，但合法经营的商铺只占其中一小部分。

近期，美国制药巨头默克（Merck）公司对 2 500 家网络药店进行了分析，发现 80% 以上的店铺都在从事违规兜售处方药的生意。虽然法律规定，合法网上药店向美国公民销售处方药的时候必须要求顾客出示处方，但 GlavMed-SpamIt 和 Rx-Promotion 之流的售药网站对这项规定根本不屑一顾。另外，默克公司还发现，大约 600 家网点销售的药物价格要低于任意店面的最低批发价。很明显，这些药品都是伪劣产品，其安全性有待商榷。

Rx-Promotion 和 SpamIt 联合网络药店的顾客在收到商品的时候往往会大吃一惊，因为这些药品包装上直白的标明了原产地是印度。不过，根据 2010 年美国政府问责办公室（简称 GAO）公布的报告显示，美国公民从街角药店买到的大部分药品同样难逃此窠臼。GAO 发现，在伪劣、合法网上药店或主流店面（如 CVS 和沃尔格林）购买的药品中，大概有 80% 的药品原材料来自印度的化学工厂。

虽然用于供应美加两国消费者的药品由北美之外的厂商生产，但这并非关键所在。问题在于：诸如 SpamIt 和 Rx-Promotion 这类伪劣药品运营商与美国及境外的合法药品商所兜售的药品是否来自同一个源头？更重要的是，这些药品真的安全吗？

以 SpamIt 名下的网上药店为例，虽然它们依靠全球范围内至少 40 余家供货商进口大宗药品，但通过垃圾邮件网站兜售的大部分药品还是来自印度和香港的少数几家厂商。从 SpamIt 子公司数据库和斯图平的网络聊天室收集的信息得知，SpamIt 的顶级供货商是印度孟买的两家公司，塞巴拉吉公司（SaiBalaji）和海蒙制药（Hemant）。其他供货商包括香港的泛大西洋公司与印度素梅布尔的 Shri Kethlaji 贸易公司。

问题在于，GlavMed-SpamIt 的订单处理系统会根据顾客需求，在同类报价中自动选择递价①最低的产品供应商和托运商。依附于垃圾邮件的药品公司也不知道顾客购买的药品是否安全，更不清楚他们所进口的药物是真是假，会不会像夺走玛西亚·贝热龙生命的药剂那样，令人毒素充盈、见血封喉。

简而言之，从垃圾邮件网站订购药品的顾客在玩一场致命游戏，与玩俄罗斯轮盘赌并无二致。

在深入调查之后，我发现 GlavMed 竟然还谨慎地保留了客户服务投诉及建议的相关记录。GlavMed 泄露的数据库中记载着上千起客户投诉，但令人不解的是，涉及药物质量的投诉却只有只言片语；相反，大部分的投诉聚焦于发货延迟、投递错误和药品包装。

唯一的例外就是英国居民黛博拉·G。黛博拉在 pillaz.com 上购买了减肥药和其他商品，而该网站正是伊戈尔·古谢夫的 GlavMed 旗下的一家网络商铺。根据 GlavMed 的投诉记录显示，正是这些伪劣药物将黛博拉送进了急诊室。黛博拉本人称，那年她 43 岁，体重却超过 200 磅，不过从未发现对任何原体过敏，也没有滥用药物的经历。2010 年，她花了 437.39 英镑（不含运费）买了整整一柜子药物，具体包括：

100 盒 80 粒（20 毫克 / 粒）装的肥胖症药物 Acomplia；

①递价指交易中买方向卖方的发盘，表示买方购买商品愿出的价格或提出的主要购买条件。

60 装剂量的罗氏鲜[①]；

可服用 3 个月的蝴蝶亚（一种有机减肥药品）；

4 管抗痘用视黄酸（tretinoin）乳膏。

在服用了新药之后不久，黛博拉就患上深度抑郁症，并伴有严重的胃部不适。万般无奈之下黛博拉只能求助于医生。她怀疑自己在网上订购的药物受到了污染，满腹狐疑之下，将药品带到了专业的药品化验室进行检测。

“检测之后，研究员告诉我，这些全是假药。”黛博拉向 Glavmed 的售后服务部门写了一封邮件，大吐苦水。据黛博拉称，检测结果显示一些药剂中包含多种活性成分甚至相互作用的成分，如各种毒素、水泥和滑石粉。

随后，黛博拉在购药网站上贴出一封带有威胁性的投诉书。

“我要求全额退款。我会将这些药物原样退回，并保证不再追究任何责任。”在 SpamIt 的数据库中，我翻出了黛博拉的评论，“如果你们不能满足我的要求，那非常遗憾，除了报警以及向海关当局举报之外，我别无选择。相信我，我会一直告到你们倒台。现在我就想快点把这些毒药退给你们，拿回我的钱。”

相关记录显示，SpamIt 一方最终作出妥协，将全款退回黛博拉的信用卡中。事实再次证明，网络违规药店并不想让自己暴露在执法机关当局的雷达之下；与此同时，因客户对不满导致的拒付问题，可能会使网络药店陷入无法使用信用卡支付的绝境，甚至还要交纳罚金。当然，网络药店竭尽所能避免这类事情的发生。

①罗氏鲜，Xenical，用于阻止特定事物种类中脂肪的吸收。

每年都有数不胜数的假药涌入北美和欧洲的售药市场，这足以对正规药厂造成难以估量的品牌摧毁效应和经济损失。鉴于以上事实，你可能会想，有钱有势的制药业一定会想方设法地向公众展示伪劣药品的危害。确实，每当专家联盟和制药企业谈及根除网络伪劣药店的必要性的议题时，贝热龙之死总会被反复提及，有些人甚至能够倒背如流。假药确实"败絮其中"：各种有害物质藏匿其中；与合法药剂相比，其主要成分的含量非高即低，不合规范。虽然发现这些事实并不难，但迄今为止，食品药品监督管理局（简称FDA）和制药业都未采取任何有效手段进行反击。

约翰·霍顿是LegitScript公司总裁。LegitScript公司可供搜索的数据库中包含了数以千计的合法或非法网络药店的地址。霍顿表示，虽然FDA会不时地发布关于食品添加剂和网络药店兜售药品的检测报告，但实际上，进行到测试阶段的研究少得可怜。

在2002～2007年乔治·H.布什当政期间，霍顿曾经担任白宫医药政策顾问。"公平地讲，大部分药品测试都胎死腹中。"霍纳说，"我认为其中一个原因是测试成本过高。而且，针对网络药品成分检测的研究分析很难成功，因为网上兜售假药的药店总是在不停地更换进货渠道。"

按规定，商铺必须满足一系列校验标准，比如必须经过美国缉毒署批准，或具备合法的售药执照等，才会被列入LegitSciept公司合法制药商的名单之中。但最重要的评判标准是，在向美国公民出售进口处方药之前，卖家必须要求客户出示由医生开具的合法处方，并予以验证。而LegitScript的数据库资料显示，活跃在互联网上的网络药店约有4.1万家之多，但合法药店的比例仅有0.5%左右，即200余家。

换句话说，只要你在网上购买药品，就有高达 99% 的概率选中一家违法商铺。

霍顿还带来另一个坏消息：在这 4 万余家伪劣网络药店中，大部分卖家提供商品的质量完全取决于供货商。也就是说，随着药品批发价格和承运市场商品价格的波动，进口药品的质量和安全性也可会摇摆不定。

“绝大多数商铺都与不止一个供货商合作。”霍顿谈到，“有些大商铺甚至会对应数十家供货商。因此即便在一次交易中卖方提供的药品质量尚可，也不意味着顾客下一次订购的时候还能收到相同质量的药物。”

不过霍顿坚信，FDA 和制药厂商迟迟不将药物测试推上议程的真正原因在于，他们知道，所谓的“伪劣”网络药店兜售的药物，其实与合规厂商推出的产品在化学成分上根本毫无区别。“坦白地说，药物测试就是一把双刃剑。”霍顿说道，“假设测试后的结果表明 Rx-Promotion 贩卖的商品确实是货真价实的成药，与顾客在本地药店购买的药品并无二致，那么 FDA 和制药厂商该如何自处？难道将研究结果公之于众？那岂不是在默许这些网络药店的存在吗？”

因此，虽然大部分学者尝试着对垃圾邮件代理网站售卖药品的安全性和有效性进行测试，但都无疾而终。加利福尼亚大学圣地亚哥分校（简称 UCSD）的教授斯特凡·萨维奇是“系统网络研究小组”的成员，曾在 2011 年带领一个研究小组对垃圾邮件代理网站兜售的药物做了 800 多次检测。

“网上药店的高明之处在于，他们不仅从你的口袋里掏走了钱，洗劫了你的信用卡，还让你找不到任何把柄。”他说道，“我们只是想弄明白，顾客花钱从这些店铺中买到的究竟是什么东西。如果药物真的有效，那么它们的产地是哪里，支付环节又是由谁来操控？”

萨维奇说，检测之后小组人员们惊奇地发现，这些药剂不仅包含了主要的应有成分，甚至连剂量也都与正品相当。但药物中含有的污染物是否会对消费者造成任何安全风险就不得而知了，因为相关的测试并未完成。

“出于法律原因，我们根本不可能将所有的药品都买来作研究，更何况研究条件也不允许。”萨维奇说道，“不过在我们测试过的药物中，其主要成分的剂量都大致准确。所以无论是从买家还是卖家的角度，或是从双方沟通的情形来看，这些药品都与正规产品无异。”在对比网络药店和本地药铺的商品之后，他作出了如上结论。

假药也有“疗效”

2012 年，萨维奇与他的 UCSD 同事联合数名来自国际计算机科学研究院和乔治梅森大学的专家对 GlavMed、SpamIt 和 Rx-Promotion 泄露的财政数据进行调查，并得出研究结果。这可能是迄今为止关于恶意软件和垃圾邮件商务模式的最详尽的研究。他们发现，回头客创造了流氓网络药店的大部分利润。据 GlavMed 的数据显示，约有 27% 的收入来自回头客；而在 SpamIt，回头客则贡献了 38% 的利润。同样的情况发生在 Rx-Promotion 的案例中，回头客所带来的收入占到总收入的 9% ~ 23%。

“这个结论也称得上是掷地有声的证据了。看来，大部分顾客对通过网络药店购买的药物相当满意。”萨维奇说道。不过，大部分回头客所购买的都是包括止痛药在内的禁药和成瘾性药物。"可能这些药物的'安慰剂效应'[①]才是提升客户满意度的法宝，这也是他们频繁光顾的原因。"

到目前为止，最重要的问题就是，垃圾邮件代理的药物是否具备必需的安全性和有效性。我采访了数百名在 SpamIt 上消费过的美国人，对药剂的效果做了深入的调查，得到的结果是众口一词的称赞。但没有一位受访人能对药物的安全性和纯度做出评价。

为了进一步澄清自己的疑惑，我开始向药剂师和研究员寻求技术支持。加里·华纳是阿拉巴马大学伯明翰分校（简称 UAB）计算机取证[②]实验室主任，当时他正着手进行类似研究，但无奈受到官僚体制的百般阻挠，调查工作陷入瓶颈。有鉴于此，在收到 GlavMed-SpamIt 泄露数据的备份文件之后，我就与他分享了这些信息。作为回报，他开始游说主流制药公司重视这些数据，试图为我们针对流氓网络药店的调查打开更广阔的局面，但收效甚微。

如果以另一种方式展开，UAB 就会被人戏称为"吞噬伯明翰城的大学"(University that Ate Birmingham)，原因显而易见。伯明翰市总人口不到 25 万，其中大约十分之一的人口是阿拉巴马大学的学生。

UAb 校园的正中间有一座平凡无奇的大楼，以红砖铸就，四楼就是 UAB 计算机取证分析部的实验室。每天，华纳都要与一群对抗击网络犯罪有着和我一样执拗热情的本科生、研究生、博士生在这里工作 8 ~ 10 个小时。

①安慰剂效应（Placebo Effect），指病人在不知情的情况下服用毫无对应药效的药物，却得到了较好的疗效。

②计算机取证 (Computer Forensics)，其目的是将犯罪者留在计算机中的"痕迹"作为有效的诉讼证据提供给法庭，以便将犯罪嫌疑人绳之以法。

华纳静立在实验室中，在他的背后，一块占据了整面墙的白板上写满了密密麻麻的代数公式，凝聚着整个实验室二十余位顶级学者的冥思苦想。他边比划边教学，面前一列列的计算机服务器和 Mac OS X 样机静静地陈列在这个受到严格温控和安保的实验室中。实验室得到美国国防高级研究计划局（简称 DARPA）的资助，平时可做教学之用，同时也承担着在实验环境下模拟开发、研究恶意软件的重任。

在接受采访时，这位坚定且无畏的斗士、咖啡因瘾君子华纳正啜饮着今天的第三杯健怡激浪碳酸饮料。在谈及从网上无照药店订购药品的危害时，他情绪有些激动。华纳认为，许多顾客根本未将流氓厂商的产品和本地药店的商品详细对比就认为两者毫无二致，这种贸然购物的行为简直无异于自杀。

华纳说，伪劣药品之所以畅销，部分是由于流氓商家能够轻易弄到美国境内限用，甚至明令禁止的药物，因为服用这些药物会产生各种危险的副作用，而制药商却不会提供任何警告、提示或服药指南。

举例说明，在陪审团对维甲酸（Accutane）用户处以上百万美元的罚金之后，业界巨头罗氏制药就决定将名下所有的抗粉刺维甲酸撤出美国市场。维甲酸和青春期女性罹患省域缺陷症具有极大的相关性，处于孕期的妇女使用则更加危险。结果，FDA 在 2005 年颁发了一则法规，规定药店只能向自愿签署承诺书的妇女们售卖维甲酸，她们承诺在用药期间采用两种以上节育措施，并到妇科门诊接受若干次数的妊娠检查。不过，在许多流氓网络药店中，维甲酸依然横行无忌。

再试举一例：在流氓网络药店购买药物的人在服用相关药物或者药物组合的时候，根本无法获取必要的用药指引。但正规合法的药店会在顾客服用处方药之前向客户作出提醒，确保客户熟知服药风险。

“许多流氓网络药店仍然在兜售着停产、限售甚至被禁的药物。”华纳说道，“而且，他们绝对不会向顾客提供任何使用说明。相反，在正规的药店中，卖家必须向客户警示服药的各种约束条件，以防出现意外。”

服药风险最普遍的例子就是，GlavMed-SpamIt 会在每名客户的订单中搭送 2 ～ 4 粒假冒伟哥或者犀利士。这些小药丸被混装进所有客户的订单之中，即便在某些富含硝酸盐药物的订单中也不例外。然而，事实上硝酸盐药物若与勃起性功能障碍药物，即与治疗 ED 的药物混用，可能会产生致命的毒素。内科医生们一直强烈反对将治疗 ED 的药物与降血压药物混用，因为这样会使血压急速下降到致危水平，从而诱发心脏病。

UAB 的计算机取证分析实验室的确是研究通过垃圾邮件售卖药物的理想场所。伊丽莎白·加德纳博士的办公室就在华纳所处的楼层之下，她基本上将毕生精力都贡献给了“逍遥法外”的药品研究。这些药品大多数都是由各种化学成分人工整合而成，对人类有明显的心志扭曲作用，因此在美国，该类药剂的服用和分销都受到了严密的控制。不过，某些药品的药性还是相当温良的，例如在加油站售卖的所谓“功能促进”型药剂，能让男士们在卧室中雄风大振，不觉疲累。

“大部分药物之所以能产生药效，一方面是出于咖啡因的促亢性，另一方面只是男人一厢情愿的想法而已。”加德纳讽刺道。

而其他“顶风作案”的不良药物会产生相当严重，甚至具有毁灭性且令闻者毛骨悚然的强烈副作用。就在我造访 UAB 校园之前，弗洛里达州迈阿密警方接到了一宗报警电话，案发现场简直和好莱坞僵尸电影中的场景毫无二致。报案电话称，一名男子正在对他人进行袭击，警务人员们迅速赶到案发现场。在当地高速公路的立交桥下，警察开枪击毙了当地一名31岁的男子：他居然在光天化日之下将一名无家可归的流浪汉的脸给啃了下来。随后调查员发现，袭击者在摄入了大量“浴盐”，一种和安非他命或可卡因等兴奋剂功效类似的人工合成物之后，变成了一具活生生的僵尸。

2012年6月中旬一个周四的下午，加德纳正在研读当地一份关于“浴盐”摄入状况的化学分析报告。她将药品的微小颗粒喂进一个形似激光打印机的大型白色箱状设备内。这是一台质谱仪，在实验室中用于研究并确定管制药剂中的主要成分。此刻，它正悄无声息地自动抓取着装满化学样品的玻璃小瓶，并将它们填入腹内。

质谱仪将生成的数据发送到邻近的一台计算机上，而后者则将获取的数据绘制成线形图，图上显示了不同的上行峰值。“看看这些峰值。”加德纳用手指着图像中波动最高的峰值说道，“这些就是甲氧麻黄酮的化学标记，也就是‘浴盐’中的主要活性成分。”

虽然竭尽全力，但我还是没能从网购买家的手中获得任何以供加德纳研究的药品样本。不过这也无所谓，因为UAB根本得不到官方的支持和授权。

令人难以置信的是，UAB的研究员们能从联邦监管机构和执法机构手中拿到高度控制的非法药物，如可卡因、海洛因、甲基苯丙胺等的检测权，却难以从FDA和DEA争取到研究垃圾邮件贩售的药品的检测许可。

原因在于，国会在2008年对相关的法令做了修改，通过了《瑞恩·怀特法案》，此后，在缺少处方的情况下，任何从网络购买处方药的行为都是非法的。除此之外，即便美国公民手持有效的处方，从国外订购并运回美国的行为也是违法行为。

“其实我们当初差一点就成功了。”华纳遗憾地说道，“我们得到了当地的理解，在邮局买好了箱盒，甚至得到了大学高层的批准。但还是遇到了行政方面的一些小问题。”行政部门还是需要得到联邦监管机构的首肯。

华纳甚至还将一家地方银行拉上贼船，对方承诺为华纳手下的研究员提供预付卡，用来偷偷地从 GlavMed-SpamIt 和 Rx-Promotion 的网站上订购药物。

“虽然银行同意资助我们的研究，但为了安全起见，我们还是需要一份政府签发的契约书，以防东窗事发，锒铛入狱。”华纳说道。虽然 UAB 获得了国家要务监督管理局的授权，得以对网上的流氓药店进行研究，但这项研究并不自由，反而受到了严重桎梏。

“他们的核心理念就是，这些钱不能用于订购任何药品。如果他们发现我们到垃圾邮件代理的网络药店购药，就要撤回授权。”华纳愤愤不平地说道，“一方面给我们研究补助金，一方面又强加条件指手画脚，他们的目的到底是什么？鬼才知道。他们只用一句‘你们不能买药，这不合法’就打发了我们。所以 FDA 的合规办公室不得不修改了措辞：只允许我们对垃圾邮件指向的网络药店进行评估，而不许我们购买药物。”

不过，华纳和 UAB 的研究员们曾经多次尝试从垃圾邮件挂靠的网络药店购药资助研究，这也不是他们第一次遭遇挫折。就在我向华纳分享 GlavMed 的数据之前不久，他还和辉瑞公司的高管及诈骗调查专员进行了会晤。

制药巨头辉瑞公司表示，他们有兴趣和 UAB 的研究员们合作，对网上流氓网络药店的产品进行分析研究。毕竟，他们的拳头产品伟哥也被 Rx-Promotion 和 GlavMed 盗用，伪劣药剂已经侵蚀了他们 40% 的市场份额。

但辉瑞公司的“友情资助”也附带了许多制约条款。“辉瑞方面称，在研究结果定性后，若受检药物确系真品，辉瑞公司一方有权叫停研究，否则合作就免谈。”华纳回忆道，“微软与我们和辉瑞公司分别进行了会谈，想和 UAB 进行联合，推出类似 pilldanger.com 的网站，以向不清楚网购药品危险的消费者提供警示。我们的药剂师问道，‘如果药品都是真货又该怎么办？’”

“作为回应，辉瑞方的代言人竟然说，‘唔，那么我们将禁止你们发表任何研究结果。’我对他说，我们需要享受学术上的最大自由，这样的条款我们拒绝全盘接受。”华纳继续回忆道，“我告诉他，我们只是想告诉公众真相，比如，我们会告诉他们‘在我们研究的案例中，有 25% 是真货’。他们说，‘这不可能，别妄想了。我们需要你发表的研究结果是，所有接受检测的药品都是假货。’”

不过，在华纳拿到 GlavMed 数据库备份之后，他终于有机会和另一位华纳先生，辉瑞公司的情报总监、同时也在联邦调查局摸爬滚打了 21 年的老油条马克 · 华纳分庭抗礼。加里 · 华纳说，马克曾经致电给他，探讨有关深度挖掘 GlavMed 数据库的合作事宜。后来，美国执法部门曾将这些数据提交给了俄罗斯官方部门，试图阻止垃圾邮件席卷全球的狂潮。

“我在还没弄清楚对方身份的时候就挂断了电话，但这小子就像一个老派刻板的警察一样穷追不舍。”加里 · 华纳回忆当时的对话，“他是个纽约人，所以说话强调的大致是这样的：‘好吧，华纳先生，你先听我说。我干这行的时间比你长多了。所以我来告诉你到底是怎么回事儿。俄罗斯人才他妈的不会搭理我们。我们只需要找到美国境内的和垃圾邮件有猫腻的公司，然后把他们全封了。别再提俄罗斯了，我们也管不着俄罗斯的事儿。他们的皮硬得很，我们动不了他们。所以我们只需要找到美国的那些渣滓，把他们全关起来，万事大吉。’”

不过从另一个方面来看，马克·华纳确实说到了点子上：我在筹备本书的时候采访了大量执法机关的专家，他们之中的大多数都表示，俄罗斯政府对这类网络犯罪确实不大关心。首先，在互联网上收割猎物（包括个人和公司）之外，黑客们都是静静蹲在家中的宅男，一副人畜无害的样子。不过加里·华纳表示，在听到这个说法之时，他确实大吃一惊。毕竟，GlavMed 有 40% 的销售额来自辉瑞公司拳头产品伟哥的仿制品。所以他以为制药公司能成为与自己并肩作战的同志。

“我只是不敢相信，这个家伙的脑子就像原始穴居人一样不会拐弯。”在一次电话访谈中，加里·华纳回忆道，“我暗自思忖，虽然这家伙在联邦调查局混了 21 年，但这并不意味着他真正了解网络犯罪的可怕之处。同时，他们公司的摇钱树已经成了 GlavMed 最具人气的商品，按理说他们才应该视网络假药为死敌，但却看不出一丝要将其除之而后快的迹象来。不过谁知道呢？可能对于一个年利润高达数百亿美元的制药业大鳄来说，一亿美元的损失只是毛毛雨吧。”

加里·华纳说，虽然他掌握着网络犯罪阴谋的海量信息，但执法当局似乎对这些数据缓存根本不感兴趣，这让他感到沮丧。

“我曾经参与过联邦调查局的制药业诈骗工作小组的会议，但会场上药方代表寥寥可数，这让我感到前所未有的沮丧。”加里·华纳说道，“至少在我参与的那次会议上，只有7个制药公司派出代表，而且我从来没听说过这些制药公司。罗氏的人没来，拜耳的人没来，辉瑞公司的人没来，默克也没有人来。阿斯利康倒是派人来了，但全都无精打采的，一副事不关己的模样。”

其实，辉瑞公司之所以对FBI采取了消极支持的态度，是有其他原因的。就在加里·华纳获得GlavMed-SpamIt的泄露数据之后不久，联邦调查局结束了针对辉瑞公司的刑事调查。此前辉瑞公司曾涉嫌默许人气产品伟哥的仿冒品销售滥用，在向内科医生推广的环节中也曾涉嫌回扣贿赂。政府方面称，辉瑞公司的销售代表对该公司的药品进行了误导性宣传，例如，据说销售代表们曾受到公司胁迫，向内科医生们授意，诱使后者在公开场合中浮夸伟哥的功效，能够使性冷淡的女人枯木逢春。

虽然辉瑞公司对此指控矢口否认，但还是同意缴纳了23亿美元的罚金。在当时，这可能是有史以来美国司法部门收缴过数额最高的单笔罚金，几乎等同于辉瑞公司每年从伟哥赚取的利润。很明显，辉瑞公司无意将联邦调查局卷入另一场刑事调查，忙不迭地付了封口费。所以这回也采取了同种做法，虽然这调查是为了维护自己的利益。

就其本身而言，辉瑞公司已经作出了选择：它决定以民事诉讼的形式了结与垃圾邮件制造商和仿冒药厂的纠纷。在过去的5年间，针对假冒伟哥或其他药品的调查和司法程序已经使辉瑞公司花费上百万美元，辉瑞也一再谢绝了本书成书时的采访。

不能得到向Rx-Promotion和GlavMed-SpamIt购药的许可让华纳大失所望，但他还是有希望的：流氓网络药店泄露的数据也许能帮助他将世界上最大的垃圾邮件和僵尸主控商集团拉下历史舞台。几乎所有人都和 Rx-Promotion、GlavMed-SpamIt 有撇不清的关系，他们的个人信息和财政状况在泄露的数据库中一览无余。

与我分享 GlavMed 泄露数据库的反垃圾邮件积极分子也向 FBI 发送了另一份拷贝文件。在 2010 年底的几周内，美国境内多个执法机构轮流带头调查。最终,这次行动被定性为一起“商标侵权”案件，交由美国国土安全部的海关移民执法局（简称 ICE）临时组建的专案组处理。

专案组被赋予“国家知识产权协调中心（NIPR）”之名，向至少 20 个民事或刑事调查机构借调了专家：其中包括联邦调查局（FBI）、国际刑警（Interpol）、美国邮政检察署、国家航空航天局以及加拿大皇家骑警。

NIPR 的调查正是奥巴马政府为广泛推进网络知识产权维护战略打下的一记重拳，其中涉及打击网络流氓药店销售以及盗版电影、音乐、软件的违法交易等各个层面。几乎就在同一时间，政府官员们也发布了“盘古行动”的结果，这是一次由国际刑警组织执行的年度执法行动，旨在扰乱、杜绝制药业犯罪。短短一周时间，当局一共关闭了至少 290 家网络流氓药店，缴获了约 1.1 万包，共计 100 万粒的伪劣药品，至少 76 名涉案人员仍在审讯阶段或被逮捕。

在这次“盘古行动”中，大多数被关闭的网站都是弗卢勃列夫斯基 Rx-Promotion 麾下垃圾邮件制造商的前哨站。在大规模关闭网站的前夜，美国食品药物监督管理局曾向弗卢勃列夫斯基的助手尤里·“赫尔曼”·卡班科夫发送了一封警告信，称专案组已经锁定了 294 家涉嫌兜售致瘾性、受到国家严格控制处方药（如止痛剂）的非法网站。看来，美国政府最终还是准备挺身而出了。

对此，Rx-Promotion 只是不以为然地耸耸肩。弗卢勃列夫斯基表示，这些网站的关闭并没在圈子中掀起任何波澜，这和在反垃圾邮件组织和网络托管公司每周定期清理工作中损失的网站数量大致相等，根本不痛不痒。

“每当在新闻里看到国际上发力清剿，并成功摧毁了数百网络非法药店的消息，总让人忍俊不禁。”弗卢勃列夫斯基说道，“要是你能回头看看垃圾邮件商和黑客论坛，就会发现一些诸如‘哎，伙计，那事儿你听说了吗？’或者‘伙计，又有几个网站关了，你注意到了吗？’的调侃。其实，根本就没人关心这些事情。”

弗卢勃列夫斯基又说，在“盘古行动”之前的几个星期，一小撮美国公司，主要是娱乐产业中的版权持有者和俄罗斯国会，即俄罗斯议会的下院的几名成员进行了会晤。这次会议是俄罗斯打击娱乐行业，主要是音乐和电影盗版行动的重要组成部分。该运动有一个口号，大致可以理解为“对盗版贼说不！”

彼时，在不为人知的角落中，ChronoPay 正与俄罗斯电子通信协会（行业组织，简称 RAEC）不止一名成员私交甚笃，并为这些蛀虫提供贿赂。账面上显示，ChronoPay 在向 RAEC 的公共关系总监德米特里・扎卡洛夫支付每月 16 666.66 欧元的“公关咨询服务费”，这也是弗卢勃列夫斯基和 Chronopay 极力逃脱的一笔债款。Chronopay 的内部邮件记录中满满记载着债主 RACE 的催债邮件，RACE 一方曾向 ChronoPay 追讨后者拖欠的价值数万欧元的“咨询费”，但却无疾而终。我曾经鼓励扎卡洛夫先生就此事发表评论，但如同泥牛入海。令人沮丧甚至感到讽刺的是，扎卡洛夫在 2010 年离开了 RAEC，现在已经成了俄罗斯政府电信和大众传播部外部通信署的二把手。

“盘古行动”结束一个月后，在一次电话访谈中，弗卢勃列夫斯基告诉我，他联系了RAEC的领导人，还就他们入驻版权商标论坛一事取笑了他们。

不出所料，版权所有者，尤其是电影行业对RAEC的成员，如Vkontakte（俄罗斯版脸书）和mail.ru（电子邮件服务商）施加威胁，称如果对方不立即将所有侵权材料下架的话，就会通过法律手段解决。弗卢勃列夫斯基笑称：“在我听说这件事儿之后，给RAEC的家伙们打了个电话。我对他们说，和版权所有商一起开会，还将会议命名为‘对盗版贼说不’，你们到底用没用脑子啊？”

谷歌竟从流氓网络药店获利

2010年晚些时候，RACE向奥巴马政府的知识产权执法协调专员，维多利亚·埃斯皮内尔发了一封官方信件。这封信同时也发给了谷歌、微软、国家制药业委员会和领英（LegitScript），向美国政府表明了俄罗斯反对垃圾邮件和杜绝不良网络药店的意愿，并表示愿意倾尽俄罗斯高科技产业之力协助。

信中称，仅在2009年，俄罗斯因垃圾邮件造成的经济损失就高达4.5亿美元。因此，俄罗斯政府正在着力起草反垃圾邮件法。不过在信件中RAEC还提到，在俄罗斯政府反垃圾邮件委员会中官居要职的人，正是美国政府近期推行的“盘古行动”所打击的对象，即流氓网络药店的幕后黑手。

在信的末尾，RAEC的官员建议举办一次闭路视频会议，并邀请了奥巴马政府及美国的技术产业负责人参与。“与会期间，我们可以将有价值的科研结果、目前的问题、具体的举措加以讨论，其中，在网络犯罪肆虐地区的联合维稳政策可以做一下大致讨论，联合抵制药品业垃圾邮件才是主要议题。”

在收到信件后，领英执行官约翰·霍顿的第一反应就是分别联系了 FDA 和埃斯皮内尔。

“我当时是这么说的，‘我确信你对 ChronoPay 的情况非常了解’，结果一语中的。”霍顿回忆道，“我还给维多利亚·埃斯皮内尔发了封邮件，提了一个非正式的建议，就是千万不要回复这封邮件。”

2010 年 8 月中旬，奥巴马总统的高级知识产权执行顾问安德鲁·J. 克莱因在白宫召开了一场长达 3 个小时的会议，邀请了顶级互联网域名注册商和注册领导人参会。会议围绕关闭网络流氓药店的主题进行了热烈讨论。

通过电子邮件，邀请函像雪片一样飞进世界顶级的网络公司，如谷歌、微软、贝宝、维萨和雅虎的高管和法律顾问的邮箱中。邮件的接收者将在 9 月 29 日与白宫和内阁的高级官员，包括维多利亚·埃斯皮内尔在内齐聚一堂，共商要事。

“这次会议的目的就是探讨如何打击网络犯罪，更具体地说，就是拟定一个自愿协议，来解决伪劣处方药在网络上肆虐的问题。”邀请函上写道。

但是与会人员称，与其说这是一场集思广益的会议，还不如说是一场蓄谋已久的鸿门宴。他们表示埃斯皮内尔基本上就是告诉与会者，他们需要制订一项有效的措施，否则后果不堪设想。

“事实上，这次会议就是将世界上所有顶尖品牌持有者拉到一个房间中，然后抛下一句‘想个办法出来，否则后果自负’。”加州大学圣地亚哥分校的萨维奇曾经和与会者谈及此事，在受访回忆时说道。

大部分与会者并不知道这次会议的初衷，但谷歌除外，因为它当时正因频繁起诉网络上所谓“加拿大”药商，其中包括许多 SpamIt 和 Rx-Pomotion 名下的流氓药店，它们在谷歌上大肆发布虚假广告，从而促进药品在美国境内的分销而受到美国司法部的严密刑事调查。

这起案件闹出的动静非同凡响。GlavMed 的子公司推销的方法之一就是不断侵入正规网站，在上面发布多达数十条非法链接，甚至干脆将被入侵的网页改头换面，重新包装成能将访问者拉入伪劣处方药销售页面的钓鱼网站。随着被黑网页数量的不断扩大，这些网页的点击排名也逐渐升高，甚至能成为搜索引擎上相关药物类别的头版头条，吸引更多的用户上钩。这种非法操作在网络犯罪业内被称为“黑化搜索引擎优化”，简称“Black SEO”，这种方法已经成为拉动 SpamIt 和 Rx-Promotion 旗下网络药店销售量的主要助力。

对谷歌用户来说，搜索引擎被垃圾邮件制造商非法征用本身就已经够糟糕的了，而谷歌竟然还从流氓网络药店上获取利润，简直令人无法忍受。据美国司法部表示，早在 2003 年，谷歌就因为非法让渡加拿大伪劣处方药进入美国而引起了执法当局的注意。

事后，谷歌决定息事宁人，以支付罚款的形式将刑事指控封案。为此，谷歌上缴了月 5 亿美元的罚款，事实上这笔钱都是从加拿大网上药店，也就是从购买管制药物的美国人民身上赚来的网页广告费。此外，这有可能是美国司法部有史以来收缴的最大的一笔罚款。

在白宫见面会结束不到两个月，埃斯皮内尔又站在了白宫新闻发布会的讲台上。在联邦政府总检察长艾瑞克·霍尔德和国土安全部部长珍妮特·纳波利塔诺的陪伴下，埃斯皮内尔宣布，一个反对流氓网络药店的非营利实体成立了。

“一群来自私营企业的合作伙伴们今天宣布，他们将成立一个崭新的非营利组织，并与美国政府合作，消灭非法互联网网上药店。”埃斯皮内尔解释道。这个非营利组织的成员包括美国运通、eNOM、GoDaddy、谷歌、万事达（MasterCard）、微软、Network Solutions、新星（Neustar）、贝宝、维萨和雅虎等。

“在与网络非法药店的斗争中，这个由顶尖企业成立的组织迈出了前所未有，甚至震古烁今的一步。”在新闻发布室内，埃斯皮内尔对着CNN的摄影机说，“我们相信，这个组织将迅速打开局面，在反对不良网络药店的问题上取得巨大的效果。这一举措将改变整个行业的游戏规则，让大家知道，合法公司是耻于与犯罪者为伍的。”

不过纵观整场发布会，还是有一点小瑕疵。得到提名的公司们都不记得曾经承诺过自己的服务是非营利的。

“在发布会之前，这些企业的参与者也曾召开了一次圆桌会议加以探讨，但在成立组织的意向上，几乎所有人都投了反对票。”华纳说道，“事后，我曾与发布会参与者谈及成立非营利组织的问题时，他们的表现都是不约而同的疑惑，‘我们当时同意了么？’”

在埃斯皮内尔白宫发布会上宣布非营利组织成立的18个月后，组织的首次聚首却迟迟不见动静。与此同时，NIPR的案件也刚刚结案，辉瑞保安部长之前的判断算得上是未卜先知。据我在联邦执法机构的消息人士（他们分属于不同的机构，鉴于政府方面“不得发表未授权言论”的规定，我只得将两人匿名）表示，大多数针对GlavMed-SpamIt核心垃圾邮件制造商或黑客的调查都无疾而终，因为当局坚信，大部分犯罪者都是俄罗斯或者前苏联的公民。在西方执法机关跨境逮捕网络罪犯的历史上，这个国家是出了名的不合作。

鉴于联邦监管机构对流氓网络药店售卖药品的严谨检测毫无兴趣的事实，药品在含有必要活性成分之余，是否同样包含损害人体甚至致死成分依旧是个未知数。

这种“无作为”的政策倒是和制药业的真实情况相得益彰，毕竟当局也是有所顾虑的：检测结果可能会显示，通过垃圾邮件订购的大部分处方药可能和在本地店铺购买的成药在成分上相差无几，唯一的区别就是造价更低。

不过，不幸的是，安全性和有效性客观数据的缺失并不能压制民众对于药物的需求，反而会将消费者持续推上危险的俄罗斯轮盘赌局，即继续通过垃圾邮件订购药物民众对于（通过垃圾邮件订购的）药物的需求，反而会将消费者持续推上危险的俄罗斯轮盘赌局。

第6章

联盟之道

Partner(ka)s in (Dis)Organized Crime

网络犯罪有着怎样的运营机制？各个犯罪大佬如何进行交流？滋生犯罪苗头的网络犯罪论坛充当了何种角色？高度组织化的犯罪机器将对我们造成何种影响？

揭秘行业内幕

一句出自《孙子兵法》的名言足以表明我研究撰写本书的动机：知己知彼，百战不殆。事实上，在了解与垃圾邮件沆瀣一气的网络售药业及其消费者的动机后，我们有必要对垃圾邮件背后的运作机制一探究竟。在俄语中，有一个词足以描述 GlavMed 或 Rx-Promotion 成功背后的动因以及几乎所有网络罪犯共同努力的根由：Partnerka，其字面意思为“合伙人”。GlavMed 和 Rx-Promotion 内部“合伙人”的任务就是寻找愿意通过垃圾邮件产生“网络聚众效应”的企业广告商，并与之狼狈为奸。

许多合法的商户，尤其是植根于俄罗斯和东欧国家的小型企业为了提高客户对其产品或服务的认知或需求，甚至都会通过雇佣垃圾邮件制造商来拉拢客户。虽然在俄罗斯境内，通过傀儡机发送垃圾邮件是毋庸置疑的违法行为，但某些合法商户还是摆出一副对此无知甚至无畏的姿态。

实际上，我们会在第 7 章中看到，带领我们畅游垃圾邮件地下世界的导游，依靠 Cutwail 僵尸网络飞黄腾达的伊戈尔·维什涅夫斯基其实是一名半路出家的黑客。起初他供职于一家供热公司；有一次，老板让他寻找一条帮助公司招揽生意的方法，这成为他涉足垃圾邮件产业的契机。

每次 Cutwail 僵尸网络向用户发送以“.ru”结尾的信息时，都会在后面附上一个俄罗斯当地的号码，邮件接收者若是有通过垃圾邮件为自己的产品和服务做宣传的意向，就可以拨打电话，定制相应的垃圾邮件广告。

“这类广告已经将触手伸向了各种产品，我已经见过太多了，从电子香烟到办公室的室内装潢，再到度假村宣传，真是应有尽有。”加利福尼亚的研究院布莱特·斯通－格鲁斯说，此人是 Cutwail 僵尸网络运营研究领域的专家，拥有多年研究经验。在一个标准的“合伙人”关系中，负责运营的个体，也就是主机运营方通常要肩负起几乎所有业务的协调和维护工作，从网页内容安排到顾客服务，再到与供应商谈判，设置广告网络服务器、域名等，不一而足。

而垃圾邮件制造者，有时会被称为“宣传员”或“交通员”，他们的任务只有一个：将访客引入广告网页，展示相应产品，然后抽取佣金，数额约为广告销售额的 30% ～ 35%，最后全身而退。由于大部分访客会在浏览商品时产生购买欲望变为顾客，因此这确实是个有利可图的好工作。

“合伙人”系统的动态特性赋予了主机运营商与垃圾邮件产业成为非法核心的要素，至少在理论上保持安全距离，并提供了进行远程操控的便利。“合伙人”通常会征用成千上万的傀儡机喷吐垃圾邮件，或进行流氓网络药店宣传，这种运营模式也为“宣传员”提供了极大便利：若其他“合伙人”能够提供更加诱人的条件，如更高的佣金、更优质的客户服务、更广泛的产品选择，他们就会不假思索地跳槽，毕竟后两者能够提高垃圾邮件成功吸引顾客的概率。“合伙人”系统涉足的领域也包罗万象，如手表、色情产品、高仿名牌手袋、假冒杀毒软件、伪劣药品等等。那些躺在你的收件箱里，或被防火墙、垃圾邮件过滤器、杀毒软件擒获的垃圾邮件，多数就是从“合伙人”系统流出的。

技术专家和安全专家们喜欢将“合伙人”关系形容为“有组织的网络犯罪”。但是加利福尼亚大学圣地亚哥分校的教授兼系统网络研究组成员的斯特凡·萨维奇却不敢苟同。他更倾向于将“合伙人”模式精确地表述为“无组织犯罪”：网络组织结构松散，主机运营商们更喜欢各自为战、单独打拼，只有在“利益可行”范围内，或者需要协同对抗竞争者时，他们才愿意保持“合伙人”关系。

“对参与双方来讲，‘合伙人’系统是个匠心独运的商业模式。”萨维奇曾对“合伙人”经济、垃圾邮件以及僵尸网络领域的各个方面都进行了长期研究，他在受访时作出了如下评价：“对金字塔底层的‘小脚’（即垃圾邮件制造者）来说，他们根本不需要了解支付处理或其他执行环节的运行机制，只需要专注于拉拢客户即可。此外，他们还具备极大的灵活性。如果一家‘合伙人’不幸被禁掉线或另一家能提供更好的待遇，他们就会随意跳槽。所以，对‘小脚’来说，‘合伙人’模式有着相当合意的机动性，因为他们想走就走，毫无牵挂。”

萨维奇还说，“合伙人”系统本身也能从这种安排中受益：它们并没有直接参与僵尸网络技术层面的操作，即便垃圾邮件制造者绞尽脑汁来拉拢客户时使用了有害甚至违法手段也和它们没有任何关系。从这个层面来说，没有任何潜在风险。

“对‘合伙人’系统运营者来说，这是一个双赢的模式，因为他们根本不必担心拉拢客户的环节。”萨维奇说道，“他们会说，‘大多数倒霉蛋（即垃圾邮件制造者）会被抓，不过我们根本不在乎，因为我们之间只是雇佣与被雇佣的关系。要是有人能找到合适的方法，把事情做好，那再好不过，只要我们能从中赚上一大笔钱就可以了。”

不过，这也是“合伙人”模式的弊端：垃圾邮件制造者根本不需要忠于任何一个“合伙人”组织。例如，GlavMed 和 Rx-Promotion 名下的垃圾邮件制造者与至少半打的企业，如 EvaPharmacy、Bulker.biz、Rx-Partners 和 Mailien 私通款曲。这无疑给反垃圾邮件分子的调查制造极大障碍，就像一个人挤压气球的端不会让气球变得更小，只会把无法溢出的气体赶到气球的其他部分。即便反垃圾邮件行动成功摧毁了一个“合伙人”关系，或阻断了运营中的一个环节，但垃圾邮件制造者只需要带着自己的客源转到另一个“合伙人”组织继续工作，那么一切照旧。

正像加拿大 Sophos 实验室的安全专家德米特里·萨摩塞克在他的开创性论文《“合伙人”的本质探究及隐患研究》中所述，“合伙人”系统是一个竞争异常激烈的商业模式。

“更加慷慨的佣金回报、更短的持续运营期、更广泛的支付系统支持、更高质量的宣传材料，才是维持长远‘合伙人’关系的不二法门。”萨摩塞克在书中写道。

通常，“合伙人”系统为“小脚”们支付佣金通常要拖上一到两个星期，一方面有助于减少“小脚挤兑”的情况出现，另一方面也能有效防止信用卡处理机构在支付薪水的环节中暗中作梗。

萨摩塞克还提到，“合伙人”还会经常采用业务竞争或其他形式的噱头拉拢更多的“小脚”。“很多商家会为手下组织奢华的派对，在节假日馈赠礼品，还有抽奖环节，最高奖项是豪华跑车，当然其他奖品也价值不菲。”当然，这些措施也提升了电脑用户接收到垃圾邮件的概率。例如，在2008年，斯图平和古谢夫准备对垃圾邮件制造的业务骨干予以嘉奖。他们给创造最大利润的垃圾邮件制造者提供了丰厚的奖金。每位参赛者都领到了一份多达两万个邮件地址的名单，比赛从2008年的美国独立日7月4日开始。

名列前三的选手分别领到1 000～3 000美元不等的奖金，还在SpamIt管理员论坛Spamdot.biz上得到一尊专属的“灌篮大师”奖杯。最终的赢家是绰号为“恩格尔”的俄罗斯黑客，也是致命且强大的垃圾邮件喷吐机器Festi僵尸网络的幕后黑手。但是最终，恩格尔与其僵尸网络最终却将自己和弗卢勃列夫斯基推进了法律的渊狱中。

来自加利福尼亚大学圣地亚哥分校、国际计算机科学研究所和乔治·梅森大学的研究员们曾经合力撰写了一篇才华横溢的论文《制药业安全漏洞：对网络药店联盟计划的研究》。在本文中，研究员们分析了GlavMed、SpamIt、Rx-Promotion及其背后联盟商业模式的日财政数据。数据跨度长达4年之久，涉及的客户订单（即购买廉价易得药品的订单）总额高达1.7亿美元。

这可能是迄今为止针对恶意软件和垃圾邮件流毒分析最为翔实的研究报告。研究员们得出了一致结论：在相当长的一段时期内，垃圾邮件仍然会是社会上的一个普遍问题，因为消费者对垃圾邮件宣传商品的需求几乎保持在一个恒定的状态。

“垃圾邮件广告药品的市场需求从未达到过饱和状态。”UCSD 的教授斯特凡·萨维奇说道，“每天不断涌入市场的新客户为垃圾邮件的散播创造了条件。只要垃圾邮件还能源源不断地拉拢新客户，这个产业就不会消逝。”

“小脚”们深谙此定律。就像争抢地盘的毒贩一般，出于嫉妒或敌意，“小脚”们会彼此倾轧，甚至会向对手进行轻微报复。不过，这些小打小闹的地盘争夺战会逐渐演变升级，变得愈加丑陋；双方不计成本，最终把整潭水统统搅浑。这种现象在敌对的“合伙人”纠纷爆发时尤为明显：顶尖的“小脚”一般都是显赫一时的垃圾邮件制造商，他们能随意驱使麾下强大的僵尸网络，使争端持续升级。

由于涉及难以估测的机会成本，这样的争端一般会造成巨大的损失。僵尸网络能将发送垃圾邮件的源头转移，并通过统一渠道制造网络拥堵，致使目标网站运载过荷，使之瘫痪，将合法的游客，即潜在客户拦在外围。

法律像狗屎一样一文不值

在《制药业安全漏洞》的论文中，研究员们发现，在 3 个最大的“合伙人”系统中，约 10% 的高收入“小脚”群体创造的价值能占到总收入的 75% ~ 90%。

“即便是一小撮‘小脚’互相拆台的行为都会对‘合伙人’系统造成巨额损失。”研究人员写道。

在产业形成的初期，“合伙人”的幕后黑手们就已经发现了这个问题。作为补救措施，犯罪头领特意为网络售药“合伙人”系统设置了一个虚拟的“卡特尔”垄断联盟，能够有效地预防“合伙人”系统的内部争端和价格战，也降低了“小脚”们在嗅到风吹草动后叛逃的可能性。“合伙人”的幕后老板们相信，这样的设置能有效降低管理费用，以及垃圾邮件量瞬间骤降的可能，最终确保一个稳定的垃圾邮件流量。

为了达到这一目的，在 2007 年 9 月 4 日，德米特里·斯图平游说合作伙伴伊戈尔·古谢夫，最终促成了 GlavMed-SpamIt 与其他“合伙人”联盟，建立了一个药品销售“卡特尔”联盟。一周之后，古谢夫与竞争对手 Rx-Promotion 的联合主管列夫·库瓦耶夫会面，商讨联盟事宜。

据传闻，几乎就在同一时间，巴维尔·弗卢勃列夫斯基联合了自己的同事兼老友尤里·“赫尔曼”·卡班科夫建立了流氓网络药店运营系统 Rx-Promotion。虽然弗卢勃列夫斯基一直在极力否认自己和 Rx-Promotion 的关系，但据 ChronoPay 泄露的电子邮件显示，弗卢勃列夫斯基曾与 Rx-Partner 的列夫·库瓦耶夫及其搭档弗拉德·霍霍利科夫谈论过 Rx-Promotion 加入当时尚在雏形的“卡特尔”事宜。在泄露的邮件中，弗卢勃列夫斯基虽然拒绝加入“卡特尔”联盟，但却表示 Mailien、SpamIt 和 EvaPharmacy 已经同意设定价格管制，将“小脚”们的佣金限定在总利润的 40% 以内。

俄罗斯探员从斯图平的电脑中缴获的聊天记录显示，“卡特尔”联盟曾千方百计地拉拢 EvaPharmacy。下文中将展示一段斯图平和 EvaPharmacy 代表“Bulker.biz”的聊天记录。

以下对话中出现的“萨满”是尼古拉·维克托洛维奇·伊里茵的绰号。伊里茵是效力于 Gateline.net 的计算机专家，当年 43 岁。

Gateline是业内知名的信用卡处理商，曾帮助SpamIt、GlavMed、Rx-Promotion和其他“合伙人”系统处理万事达信用卡交易。斯图平和古谢夫都认为，萨满是一个能在生意上平起平坐的合作伙伴，也是他们设法争取的关键人物。

斯图平：我不认可“小脚”们开出的条件。有些人竟然叫出了45%的高价。商品价格低、收益小已经让我们蒙受了损失，“小脚”们竟然还变本加厉地想将佣金延付期限缩短到一个星期。我必须保持强硬的态度，不然我就挣不到钱了。一句话，我们的延付期不会低于两个星期，因为萨满方面的支付本身就存在一定的拖延，毕竟是离岸操作，我们的账户余额本来就不多，而且还在持续下降。我并不是在请求你什么，只是建议你将最短延付期调整到两周，这样一来，对“小脚”来说，我们开出的条件相似，也就不存在跳槽的必要了。我还觉得，加长延付期对你们有利无害，否则，随着“小脚”们业绩的提高（即拉拢客户数量的上升），你们不得不在银行存入更多的现金来支付佣金。总而言之，我所设想的理想状态就是制定一个卡特尔协议，将佣金限制在30% ~ 35%的水平，与西方“合伙人”系统的佣金水平持平。

Bulker.biz：我们这边的延付期也是两周。不过，对于业务表现格外突出的“小脚”，我们一般会提供优惠政策。你们不断降低商品价格，挖走了我们不少的“小脚”，我们也别无选择。不过有关“卡特尔”协议的设想是个好主意，但可行度太低。除非你能争取到Mailien和其他人的支持，不然的话，我们的“小脚”迟早也会跑到他们那边去。45%的佣金确实高得离谱！高出“合伙人”利润的3倍还不止！

斯图平：没错。现在的问题集中于“小脚”所叫嚣的45%的佣金。据我所知，EvaPharmacy那边的佣金就是这么高。

Bulker：还有人还开出了50%的高价，把市场搞得乌烟瘴气。我知道你说的是谁，这个人的欲望就是一个填不满的坑，但这并不意味着我们会将每天的经营余额全都贡献给他。

斯图平：我知道，我和他谈过。

Bulker：听着，我们确实也有和你订立协议的意愿，也准备为“小脚”们开出和贵方相同的待遇条件。不过在此之前，我们先要对新的供货商做个调查，对商品成本加以确认：如果我们能将成本降到贵方的水平，有了势均力敌的立场，才能将合作提上日程。

据维什涅夫斯基反映，UCSD研究员的发现“少数‘小脚’们创造了‘合伙人’的大部分经营利润”的确属实。他还说，掌控着丰富垃圾邮件客户资源的“小脚”们能赚取更多的佣金，因为培养新客户的成本要比维持老客户的成本大得多。

在垃圾邮件的主体操作流程中，最烧钱的就是采购僵尸主控机的环节。因此，顶级“小脚”一般都会亲自参与大型僵尸主控机的运营，即用来发送垃圾邮件，或者租赁给其他同行。

维什涅夫斯基还透露，租赁方通常通过购买“安装许可”或向承租人提供一定数量预先埋下“僵尸程序”傀儡机的方式来签订租赁契约。而支付租金的方式更为简单，只需要将租用主控机获得的收入按比例付给承租人即可。据维什涅夫斯基透露，一般来说，承租人会抽取租赁人 50% 左右的佣金作为补偿。

不过，除了傀儡机之外，一套杰出的垃圾邮件网络机制还必须兼顾其他方面。如果我们将僵尸网络机制和从事生产的工厂做个类比，那么傀儡机就是将产品组件加以配比安装的机器。而僵尸主控机的任务就等同于一个指导日常拼装的软件，剩下的就是程序化的安装流程而已。虽然，现代化的计算机本身就是一套功能强大的系统，但在需求持续增长的环境下，日复一日加班加点地工作之后，也难免会不堪重负。而僵尸主控机的任务就是，将工作均衡地分配给成千上万台傀儡机，以防止每一台个人计算机超负荷运转。

与此同时，杰出的垃圾邮件软件还肩负着更多的任务，包括对傀儡机成功发送邮件数量的逆向追踪，以及记录收件人对广告网站贡献的点击率。该软件还能自动地将失效或拒绝接受邮件的邮箱从客户名单中删除。

邮件制造商能对发件地址加以修饰和篡改，即便收件方的邮箱已经失效，退信也会直接汇入到另一个不知情者的邮箱中，通常这种情况说明他的邮箱已经在“不知情”的情况下就被垃圾邮件制造商征用了。毫无疑问，你肯定收到过从朋友、同事或亲戚的地址转发过来的垃圾邮件，因为他们的邮件地址已经被非法入侵，或者被修饰过了！这样不请自来的邮件往往会对互联网用户造成困惑或猜疑，用户们也会为此对他们的网络、邮件运营商横加抱怨；而后这些网络、邮件运营商会制定更加严苛的壁垒，来阻止类似邮件的准入。客户名单在不断缩短，如果“小脚”们不持续更新软件、从网站上随机获取客户邮件地址，最终就会沦落到无事可做的尴尬境地。根据维什涅夫斯基的说法，“小脚”们租赁僵尸软件和客户邮箱名单的费用要占到收入的20% ~ 30%。

“如果什么都要先租后用，那么垃圾邮件制造商的生意没什么油水，这不足为奇。”他说道。

虽然，当今世界上与 Rx-Promotion、GlavMed、SpamIt 手下供养的“小脚”们，能够抗争到底的仁人志士到底有多少，我们并不能给出一个肯定的数字，但可以确定的是，垃圾邮件系统的管理者和建立者所赚取的收入一定是个天文数字。

令人难以置信的是，UCSD 的研究员在对垃圾邮件系统在 2009 年 9 月 ~ 2010 年 4 月（为期 11 个月）的直接、间接成本加以核算后发现，这个行业的整体利润竟然只占毛收入的 20%。

“有趣的是，当我们结束了一天的研究之后，得到的数额并不如想象当中那样巨大。”UCSD 的萨维奇说道，“虽然每天在举手投足之间就能对世界上数千万人民的财政状况造成实质且可观的影响，但垃圾邮件商毕竟不是唐纳德·特朗普。换句话说，我们虽然花了数十亿美元，还对付不了这些收入微薄的乌合之众，真是够讽刺的。”

萨维奇和他的研究团队经常能获得机会一窥古谢夫和斯图平泄露的聊天内容。他们发现，两人平时交流的问题不外乎于如何从客户身上榨取更多的附加价值。SpamIt 的管理员之所以能取得成功，在于他们对核心市场的理解和坚守。所谓的核心市场，就是向成人兜售一些羞于启齿、见不得光的廉价包邮的商品，如网上色情制品或者壮阳药。

在一次聊天记录中，斯图平和古谢夫曾讨论将垃圾邮件的设施投入到另一个更堪忧的消费品中的可行性，即阴茎延长术。

“到目前为止，这是我读过的两人间最有趣的谈话。”萨维奇乐不可支地回忆道，“基本上，古谢夫一直在设法劝说斯图平将阴茎延长设备加入网络药店的商品单中，就像着了魔似的。‘对，美国人就是想再加上几公分’，不过斯图平还是不以为然。这就是我一直试图通过研究结果向大众所阐明的那样，这个地下经济体是多么的奇怪和扭曲。”

“基本上，网络销售者和垃圾邮件制造者并不认为自己是在犯罪，在他们的思维模式中只是将自己设想成商人，向需求方提供质量过硬的货物罢了。没错，虽然法律明文规定这种商业模式是违法的，但他们却认为法律只是西方强权和中产阶级知识产权当局工具，像狗屎一样一文不值。就是这样。我们只是他们发展商机路上的绊脚石而已。”

上演真实“黑客帝国”

如果萨维奇的观点是正确的，即“合伙人”是一种“无组织犯罪”，那么网络犯罪论坛就肩负起了为地下世界的混沌状态制定并维护法则的重任。在这些网络社区中,聚集着大部分的垃圾邮件制造商、诈骗犯和欺诈师，他们在这里集会、交易，设法保持着地下世界“言必信、行必果”的黑暗法则。

不过,网络犯罪论坛之所以存在,主要是为了满足一些核心需要。首先，它为初涉商场、懵懂无知的新手罪犯、供应商和买家提供了一个建立信誉的机会。

如果有菜鸟想要开创自己的网络犯罪“事业”，比如，开设垃圾邮件主控机，但缺少必需的知识和资源，他们只需要从这里向其他成员购买缺失的设备或信息，或向资深会员求助、搜索自助教程，获取建议和解决方法。

这样一来，犯罪论坛就大大拉低了网络犯罪行业的准入壁垒。除此之外，它还能为新手们提供花样繁多的诈骗技巧、兜售服务和商品。作为回报，它可以从商品和服务的交易中获益。

虽然网络犯罪论坛分工明确，几乎支持世界上所有的主流语言，但通用语还是英语和俄语。同样，大多数论坛的主体架构也是类似的，一个主页就足以链接到不同分工、但数量浩如烟海的分版：如垃圾邮件专版、网银诈骗专版、银行账户现金支付专版、恶意软件开发专版、身份盗窃专版、信用卡诈骗分版、信用诈骗分版、入侵搜索引擎（即教授入侵技术的专版，传授修改如谷歌或其他搜索引擎上搜索排名的技巧）专版等等。

甚至还有专攻于某一特定网络犯罪，如垃圾邮件的论坛，不过也采用了相似的结构构筑“主页－分版”模式。2011 年，加利福尼亚大学的研究员桑塔·芭芭拉联合了德国鲁尔波鸿大学的学者，针对 Cutwail 僵尸网络合作发表了一篇颇具深度的分析论文《垃圾邮件的地下经济：从僵尸主控机的视角看大规模垃圾邮件犯罪活动》。在在调查中，研究员们获取到网络犯罪论坛 Spamdot.biz 的后端数据，并在我再三恳求后将完整的数据与我共享，助我成书。Spamdot.biz 曾经是一个壁垒森严的网络犯罪社区，现在已经关闭。数据显示，在 2007 年，作为网络售药毒瘤 GlavMed-SpamIt 的姐妹系统，Spamdot 由伊戈尔·古谢夫和德米特里·斯图平共同开发。

获取的材料显示，Spamdot 不仅汇聚了当时世界上顶尖的垃圾邮件制造商，其中的数十个成员还能为网络犯罪提供相应的配套服务，包括提供“防弹”虚拟主机和海量注册域名，售卖垃圾邮件地址列表和软件等等，这些软件能协助垃圾邮件制造商将弃用的或被反垃圾邮件分子、网络安保公司使用的邮箱地址从客户列表上删除。

反垃圾邮件积极分子会在网上频繁散布一些极易攻破的邮箱地址，并等待垃圾邮件制造商对其进行征用；随后，网警和安保公司就利用这些地址接收的垃圾邮件收集最新版恶意软件和钓鱼诈骗手段的信息样本，这有助于了解和锁定垃圾邮件主控机的规模和位置，反垃圾邮件者可借此改善垃圾邮件过滤器进行。不过，由于这些活动会导致垃圾邮件盈利性和稳定性萎缩，垃圾邮件制造者中的老手终会意识到定期清理客户列表的重要性。这场猫鼠游戏最终会演变成一场旷日持久的战争。

而论坛分版通常都由相关领域的大人物主持，一位专家主持不同论坛、甚至不同分版的情况是非常罕见的。不过也有例外：绰号为“赛维拉”的臭名昭著的俄罗斯诈骗分子曾在至少 4 个论坛（其中就包括 Spamdot）的垃圾邮件专版担任版主，也是众多多产而成功的垃圾邮件僵尸主控机的联合开发者。因此，赛维拉不仅结识了垃圾邮件界几乎所有重要人物，还对网络犯罪各领域的知识了然于胸，这使他成为网络论坛争相拉拢的不二人选。

像赛维拉这样的人往往能在网络犯罪社区之间充当“胶水”的角色。他们掌控者产业内部渊博的知识，对于急需合作伙伴和分包商的老会员而言，他们拉拢人脉的技术驾轻就熟。因此，像赛维拉这样的核心罪犯更容易成为执法机关关注的目标，一旦损失就会动摇网络诈骗生态系统的根基。

很多犯罪论坛，尤其是刚刚开业、羽翼未丰的论坛往往来者不拒，允许会员开放式注册。不过，由业内老手或人脉错综的网络犯罪分子组建的论坛则倾向于设置更高的准入壁垒，以便筛选出更加优秀、才华横溢的年轻黑客，从而有效防止滥竽充数者，甚至是执法机关官员的渗透，即那些打入犯罪世界内部、搜集垃圾邮件制造者非法活动证据的行动。为确保安全，大多数资深论坛会要求新入会的成员指定至少两名现存的可靠会员充当介绍人或“担保人”，作为对于新会员技术和忠诚度的证明，只有这样，新会员才能成功入会，成为论坛的一分子。

除此之外，新会员还要以网络货币或比特币的形式缴纳一笔不予退还的押金。一旦新会员得到介绍人关于技术质量的担保，就能获取论坛的受限访问权限。凭借该权限，新会员可以向更广泛的社区自荐，申请会员资格，并展示出自己能够为论坛作出贡献的特殊才能。

在试用期内，现存会员会竭尽所能地戏弄欺凌，甚至言语辱骂新手，他们还可以对新手的编程能力、黑客技术、或新手自称的专业兴趣领域的技能开展测试。这就是对于垃圾邮件新手的第二次筛选。不过大部分论坛还是很民主的，新手是否能成为论坛的永久会员取决于现存会员的非强制性民主投票。

那么，黑客们加入论坛的动机是什么呢？为什么论坛在垃圾邮件制造商这个群体中如此受欢迎？就像一座城堡能保护平民免受强盗和土匪的劫掠一样，论坛能为会员们提供一丝心理上的安慰，或者至少提供了采取行动的理由。

实际上，欺诈者对于诈骗更缺乏免疫力，由于身份的缘故，他们不可能以受害者的身份大张旗鼓地向管理当局报案，毕竟他们所从事的大部分商业活动都是违法的。为了杜绝“劫掠”的行为，犯罪论坛会制定并强制推行严苛的道德准则：那些敢于对同行下手的会员会被迅速排斥，甚至遭到驱逐。

首先，大部分成熟的犯罪论坛都会提供托管服务，只需要支付占一小部分交易成本的费用。在讨价还价之后，若买家对卖家的商品感到满意，论坛才会将持有的买家资金划转到卖方账户。通常，论坛的长期会员在所有交易中都会申请托管服务，而手头拮据或者经验不足的会员一般都会绕过这项服务，但这样一来，所有的风险都要由自己承担。

论坛还会采取网上购物商城（如易趣）的经营模式，要求用户对交易对手方留下“好评”或“差评”。论坛成员的信誉度通常由一个量化的数字，即会员在登录期间的“信誉点”来衡量。会员可在各大论坛上通过定期登录、积极发帖参与讨论，即在各种计算机犯罪主题帖下分享知识或经验的方式赚取信誉点。资深论坛成员和版主拥有打赏或扣罚信誉点的权利。

事实证明，这套系统能够有效地杜绝网络罪犯们互相拆台的行为。阿列克谢·米哈伊洛夫是一名土生土长的俄罗斯人，他还有另一个身份：网络安全专家。他在详尽地回顾了 Spamdot 论坛泄露出的文件、聊天记录和其他材料后称，论坛上的一次“差评”抵得上数万美元，它足以让会员们换副嘴脸，倒屣相迎、屁滚尿流地去解决买家遭遇的问题，论坛的访问权限和会员的“信誉度”把控着所有人的生死。若是失去了论坛的保护和信誉评级，垃圾邮件制造商、诈骗分子和其他网络罪犯很快就会被同僚们坑害得身无分文。

如果有会员不慎违反了论坛的多项规定，等级就会被降为“小鹿”，严重的还会被管理员贴上“待宰”的标签。“小鹿”们一般是新成员，他们在论坛中的违规行为多为无心之失，或是对于论坛规则不熟悉所致。获得“小鹿”封号的会员会被人看作是窝囊的新手，他们的身份标签也在时时刻刻地提醒论坛成员们,和“小鹿”们混在一起，往往得不偿失。

而“待宰”群体则是在以往商定好的交易中狠狠“宰了”对手的会员统称，他们一般是购买商品和服务拒绝付款，或是未按承诺发货的供应商。受害方必须向论坛管理员出示“被宰”的证据，通常他们会在一个名为“黑名单”的分版对管理员发起申诉。这种指控通常意味着向论坛上传一个冗长的聊天记录。有趣的是，在便衣执法人员和安全防护研究员的眼中，这些报告记录正是非常宝贵的证据和情报：它们足以帮助锁定那些长期潜伏在地下犯罪论坛的网络罪犯。

犯罪论坛聚集了大量会员，有时甚至数以万计，不过更多论坛存在的目的在于：向会员们兜售各种“一站式”服务或解决方案，为管理员赚取暴利。顶尖卖家会付钱将自己的销售数据在相关分版置顶，借此吸引更多前来寻求帮助的游客的注意。不同论坛之间也有不同的置顶信息，这些置顶帖位置会提供包年、包月服务，租赁价格也从每月 100 美元到数千美元不等。

在过去的几年间，新建网络犯罪论坛的数量直线飙升，这表明对于犯罪服务的需求在不断增长，论坛之间争夺客源的战争也愈加激烈。不过，很多新型犯罪社区只是昙花一现，留存下来的还是有着数十年经验的“老品牌”：这意味着网络犯罪产业已经相当成熟，每个独立的市场都已经形成了自己独特的自我监管、网络服务和信息共享机制。

反垃圾邮件积极分子虽然作出了多种尝试，通常是对主机托管商或域名注册商施压，但最终却没能扳倒网络犯罪系统，反而取得了相反的效果。论坛们只需要更换域名,转而寻求更加安全的“防弹主机”托管商即可。与此同时，他们往往会制定更加严格的安全操作流程，对现有会员和新晋会员实施更加谨慎的筛选，防止观望者、执法人员和研究人员混迹其中。

不过，我们尚有未来可期。先驱者们作出的一些成功有效的尝试告诉我们，识别并逮捕世界顶级垃圾邮件制造商并摧毁他们的犯罪机器，才是抑制垃圾邮件和恶意软件肆虐的正确途径。

第7章

黑客微百科

Meet the Spammers

网络犯罪利从何来？为何网络犯罪行业能够引入大量人才资源？信用卡盗用、开发恶意软件、散播股票诈骗邮件、推销伪劣药品、网络恐吓勒索，黑客只要敲几下键盘便可赚得盆满钵满，普通网民在网络世界则成为待宰羔羊……

黑客是学出来的，不是天生的

伊戈尔·维什涅夫斯基进入垃圾邮件行业，网络犯罪论坛功不可没。他曾在几个著名的网络犯罪论坛上花费大量时间浏览学习。19岁那年，伊戈尔·维什涅夫斯基心怀梦想考入莫斯科大学，希望有朝一日能够成为大型企业的程序员。但好景不长，他的经济很快就出现问题。

“我在莫斯科大学只进修了3年，后来父母无力承担学费，我只好退学。”伊戈尔·维什涅夫斯基在某次采访中回忆道。

伊戈尔·维什涅夫斯基对电脑的认识可以追溯到童年时代。小时候父母给他买了一台ZX Spectrum，这是当时由辛克莱公司生产的家用电脑，一度风靡全欧洲。伊戈尔·维什涅夫斯基早年曾自学BASIC和进阶汇编语言；后来他买了台二手电脑，又学习了Pascal语言（一种通用的计算机高级程序设计语言）。

为弗卢勃列夫斯基的Crutop.nu附带项目建立色情网站，这位年轻聪明的黑客每月可以得到 200 ~ 300 美元的报酬。但这点钱不足以维持维什涅夫斯基在莫斯科的生活，于是他又在当地一家销售取暖设备的公司找了份工作。那时他并不知道，垃圾邮件将会彻底改变他的人生，自己将从此踏上一条不归路。

一天，维什涅夫斯基的老板要求他帮忙用一种不太合法的手段为公司招揽生意。

“我的老板想花钱雇人发邮件推销商品。他对我说，这种方法很酷，你也应该研究下这门技术。”维什涅夫斯基回忆道，“当然，我劝过他，这样做不对。但老板却说最近公司销售业绩下滑，为了提高营业额，他只能这么做。”

为了完成老板交代的工作，维什涅夫斯基开始搜索相关资料，在此过程中发现了当时颇受欢迎的俄语网络犯罪论坛：Carderplanet.com。这个论坛中汇集了几千名来自世界各地的会员。无论是创建僵尸网络，还是将盗取的银行信用卡账户变现，各种网络犯罪信息和技巧应有尽有，只要花钱都能买得到。

Carderplanet.com 是一家乌克兰网站，创建于 2001 年，堪称当时最无法无天的网站。在这里你可以见识到互联网上各式各样的信用卡盗用者、黑客和网络小偷公然贩卖盗取的信用卡信息。正如约瑟夫·梅恩撰写的《致命的系统错误》(*Fatal System Error*) 一书中所述，在乌克兰这个国家，几乎没有非法侵入计算机信息系统罪这一说法，所以这些非法之徒可以公然聚会，在互联网上推销他们的黑客服务。Carderplanet.com 堪称网络犯罪论坛的典范，它将所有的网络犯罪分门别类，设立了专门的子论坛。其后涌现的网络犯罪论坛则都在模仿 Carderplanet.com 的运营模式。

正是在这个论坛里,维什涅夫斯基遇到了时年35岁的瓦尔丹·库什尼尔，后者不但是声名远扬的垃圾邮件发送者，还在莫斯科经营一家名为“美国语言中心”的英语教育机构。这是一个合法企业，专门为俄罗斯人提供语言培训。瓦尔丹·库什尼尔提出他会帮助伊戈尔·维什涅夫斯基创业，但前提是维什涅夫斯基要答应他一个条件——在发送垃圾邮件时顺便宣传美国语言中心。

“他帮我付了租服务器的钱，很快我的报酬就达到在取暖设备公司收入的4倍多。”伊戈尔·维什涅夫斯基说道，“但我没辞职，还在取暖设备公司继续上班，因为我不确定这种发邮件的工作是否稳定。几个月后，我已经对发送垃圾邮件轻车熟路。”

在为自己的“导师”瓦尔丹·库什尼尔工作时，伊戈尔·维什涅夫斯基结识了古格（德米特里·奈奇伍德)。

“古格是瓦尔丹·库什尼尔的朋友，总来找他闲聊。”维什涅夫斯基说道，“我有时也会和古格聊一会儿。”

但维什涅夫斯基真正脱颖而出是在他的“导师”突然遇害之后。那天早晨，瓦尔丹·库什尼尔的母亲发现儿子浑身是血、头骨凹陷，躺在家中卫生间的地板上奄奄一息。据2007年Wired网站刊登的一篇报道称，瓦尔丹·库什尼尔每天发送2500多万封邮件推销美国语言中心，其中多数收件人是俄罗斯人。据Wired网站提供的信息和维什涅夫斯基推断，瓦尔丹·库什尼尔惨死的原因很可能是他毫不理会投诉，明目张胆推销自己的生意。

瓦尔丹·库什尼尔的惨死并没有为维什涅夫斯基和古格敲响警钟，二人各自筹钱开创事业，步入垃圾邮件行业之中。

2011年10月，我认为时机已成熟，根据SpamIt和Rx-Promotion

泄露的数据可以锁定世界头号垃圾邮件的发送者，清晰勾勒出他们的犯罪轨迹，让我们认清到底是哪些家伙创建以及维护这些庞大的僵尸网络。我在 ChronoPay 的海量数据中找到一份名为《注册信息》的 Excel 表格，它最终成为识别这些妖魔鬼怪的"照妖镜"。

不知出于什么原因，ChronoPay 内部的某位工作人员竟然制作了这张表格，将最活跃的垃圾邮件发送者统统登记在册。将它与 SpamIt 泄露的收入数据和个人信息仔细对比，隐藏在幕后的罪犯就将无所遁形。大多数为 Rx-Promotion 和 SpamIt 卖命的垃圾邮件发送者通过 WebMoney 接受佣金，正如前文所说，这是一种类似 PayPal 的在线电子商务支付系统，极受俄罗斯及东欧国家推崇，也是黑客普遍使用的支付手段。

用户可以在 WebMoney 创建化名账户、商业账户或验证账户。后两种账户要求申请者本人到当地 WebMoney 授权机构提交护照复印件核实账户信息。WebMoney 账户的信息是保密的，不过显然 ChronoPay 的这位员工贿赂 WebMoney 的内部人员，获取了 SpamIt 头号垃圾邮件发送者的账户信息。这张表格显示，他们中很多人同时也在替 Rx-Promotion 工作。

表格中共登记了 163 人的账户信息，其中验证账户或商业账户的比例只有大概三分之一。这些资料信息包括其 WebMoney 账户名、用户姓名、地址、电话号码、出生日期、电邮地址、护照号以及护照上登记的家庭住址。

很多人在踏入垃圾邮件行业或进行网络犯罪活动之前就已经拥有 WebMoney 账户。其中一个账户吸引了我的注意。资料显示这个账户创建于 2002 年 1 月，账户名为"软件销售者"。此账户持有者替

SpamIt 推广售药网站获得的收入竟然高达 17.5 万美元。我的调查就从这个账户开始。

与合法企业抢夺人才资源

这个账户的所有者在 ICQ 即时会话和 Spamdot.biz 网站都使用了同一个绰号：古格。我用了几周的时间在此人与 SpamIt 管理员之间不计其数的聊天记录中搜寻蛛丝马迹，最终确定古格就是当时最活跃、规模最大的僵尸网络 Cutwail 的所有者，而该网络目前依然相当活跃。

根据表格中的资料所示，僵尸主控机商古格在 WebMoney 的注册姓名为德米特里·谢尔盖耶维奇·奈奇伍德，生于 1983 年 7 月 9 日，居住地为莫斯科。看见奈奇伍德这个名字，我忽然想起今天早些时候和弗卢勃列夫斯基的对话。当时，我并没认识到那番对话的重要性，因为我对古格所扮演的角色还一无所知。

2010 年岁末，弗卢勃列夫斯基给我打来电话，兴奋地说执法部门的消息人士告诉他一个重要消息。网络犯罪调查人员和美国国家航空航天局的官员要来莫斯科与 FSB 的特工见面。NASA 官员和美国其他执法人员一样，配有证件和手枪。他们此行目的是要与俄罗斯有关部门商谈联手调查奈奇伍德。

当时，NASA 的调查人员确定，奈奇伍德和古格为同一人，并怀疑他通过 Cutwail 僵尸网络散发的恶意软件感染了大量 NASA 的工作电脑，警方已就此事立案调查。

“这些美国人千里迢迢来到莫斯科寻找 Cutwail 网络的控制者，

一个绰号古格的黑客。”弗卢勃列夫斯基在电话中侃侃而谈，提起那个同时为 SpamIt 和 Rx-Promotion 工作的头号垃圾邮件发送者时，语气中掩饰不住兴奋之情，“他们不但知道他的绰号，还查到了他的真名，但我敢肯定，美国人抓不到他。说实话，我觉得古格已经听到风声了。布莱恩，你知道吗，在调查网络犯罪的俄罗斯执法部门里，有许多高层人物都涉及贪腐违规。”

直到现在我依然不确定弗卢勃列夫斯基为什么要跟我说这些。或许是想向我吹嘘他和俄罗斯调查网络犯罪的执法部门交情颇深，可以拯救 Rx-Promotion 最“出色”的垃圾邮件发送者逃脱美国调查人员的抓捕。但我清楚一点，弗卢勃列夫斯基也想向 NASA 的调查人员传递一个消息：他们都被自己玩弄于股掌之间。毕竟，正是这些人说服美国联邦贸易委员会摧毁了“防弹”主机运营商 3FN，给弗卢勃列夫斯基手下的暴力色情网站站长、假冒杀毒软件制造商和垃圾邮件发送者造成巨大损失。

据参与此次调查的 NASA 官员透露，FSB 中的腐败人员向弗卢勃列夫斯基走漏了风声。就在 NASA 调查人员和 FSB 特工会面的前几天，奈奇伍德离开了俄罗斯，逃往乌克兰。

“古格和巴维尔・弗卢勃列夫斯基即是商业伙伴又是朋友。”一位在 NASA 执法部门工作的朋友说道，他不愿公开姓名，因为他无权公开讨论此案。“是弗卢勃列夫斯基给古格通风报信，告诉他 NASA 和 FSB 的人要见面商讨 Cutwail 一事。据说古格现在隐姓埋名，躲在乌克兰。”

根据俄罗斯软件企业无限数字开发者公司的网站资料所示，奈奇伍德是某个名为“精英程序员组织”的一员，受雇于 diginf.ru 网站。

从该组织在网站 diginf.ru（该链接现已失效）上的说明可以得知，德米特里·奈奇伍德是 UNIX 系统以及思科路由器系统的管理员，也是一名精通信息安全软件的专家。通过奈奇伍德及该组织其他成员的专长说明以及这些人的简历就不难看出，这些程序员几乎可以入侵任何网络通信或安全系统。

奈奇伍德团队中的核心人员负责维护 Cutwail 僵尸程序的内核源代码，并在地下犯罪论坛中将其出租给其他不法分子，这类论坛将垃圾邮件系统称为“初魂进化”。

从各方面来看，奈奇伍德都堪称现代网络犯罪的典范，他所从事的是与贩毒完全不同的行业，却能够为他带来源源不断的财富。这些非法收入需要通过投资不动产来漂白或直接消费掉。与多数同侪一样，奈奇伍德喜欢花天酒地，用这些钱讨好女人、享受奢侈的生活、购买名车、高档服装以及毒品。“他总是一身名贵装束，那辆价值十万美元的雷克萨斯撞坏之后，他又毫不犹豫地买了一辆宝马。”维什涅夫斯基说道。

到 2008 年，奈奇伍德的垃圾邮件生意蒸蒸日上。Cutwail 僵尸网络所控制的电脑已多达 12.5 万台，日发送垃圾邮件超过 160 亿封。公司规模急剧扩张，他必须为自己多找几个助手。什么样的人才能成为他的助手呢？从他刊登在 Crutop.nu 网站的网络程序员招聘广告中可见一斑。

工作描述：

办公地点在莫斯科（包括福利），全职工作（平均每天工作 9 小时，每周工作 5 天）。

工作要求：

精通 Perl、PHP、SQL；

了解 AJAX 和 JavaScript；

能够快速编写无 bug 脚本；

22 岁以上；

工作待遇：

试用期工资 1 500 美元（试用期 1 个月），试用期过后每月 2 000+ 美元；

全职工资 + 福利 + 升职机会。

这不正是每个年轻程序员梦寐以求的工作吗？对一名生活在莫斯科的初级程序员来说，23.5 万美元的年收入非常理想；而住在郊区的程序员为了获得这份工作，他们可以说服招聘人远程办公。奈奇伍德的这份招聘广告也充分说明了一点，在某些地方网络犯罪行业正在与合法企业争夺人才资源。

“先升后跌”股票诈骗邮件

根据 GlavMed-SpamIt 和 Rx-Promotion 泄密的记录显示，同时为这两个亲密战友效力且最成功的垃圾邮件发送者是一名使用多个化名的黑客，他所使用的化名包括“科斯马”、“泰勒卡”、“小鸟”和“广告 1”。为便于识别，以下用科斯马来代指此人。在过去 3 年中，通过发邮件推销药品，科斯马及其在 SpamIt 所用的其他多个账号总收入突破 300 万美元。

科斯马的僵尸网络名为Rustock，其恶意软件于2006年首次现身。该僵尸网络的名字来源于编写此程序的最初目的：散播所谓“先升后跌”的股票诈骗邮件。通常，诈骗者会提前购入一批低价微盘股，此类股票价格变动幅度通常仅限每股几美分，随后再发送几百万封邮件将这些股票炒成热门股，待受骗者大量购进股票导致股价上涨后，再抛售股票获利。

2007年，调查人员发现被Rustock僵尸网络感染的电脑除了发送股票诈骗邮件之外，也开始推销药品。据戴尔安全工作室专家估计，当时超过15万台电脑被Rustock僵尸网络感染，这些傀儡机日均发送300亿封垃圾邮件。

Rustock僵尸网络开始推销药品之时，科斯马恰好签约加盟SpamIt。与此同时他的3个ICQ聊天账号“科斯马2K”、“小鸟”和“广告1”也活跃在弗卢勃列夫斯基的Rx-Promotion网站论坛中。根据泄露的ChronoPay数据可以推断，在2010年，这3个账号为Rx-Promotion推销药品的总收入大概为20万美元。

在几个聊天记录中，科斯马都说他正在考虑利用那些被自己控制却处于闲置状态的上万台电脑做些什么。从斯图平和科斯马的对话能够了解到，科斯马的待遇与其他垃圾邮件发送者不同，他可以访问SpamIt的内部资源，还对SpamIt的运营有话语权。

2008年10月14日，在一次会话中科斯马对斯图平说，自己被一些歹徒盯上了，今后想低调行事。科斯马还提到，他刚在莫斯科买了一辆价值10多万美元的保时捷卡宴越野车，就遭到绑架。歹徒将他暴打一顿之后，抢走了保时捷的车钥匙。科斯马悲痛地告诉斯图平，他打算换一辆低调一点的车：宝马530xi。

科斯马留下了许多可以追踪其真实身份的线索。他在 SpamIt 注册所用的电邮地址为 ger-mes@ger-mes.ru。尽管该网站在 2010 年就已关闭，但查看网站的缓存副本之后，我在网站主页上发现了一些令人感兴趣的信息。主页上刊登了一份白俄罗斯籍程序员的求职简历，上面附有一张手举马克杯的褐发年轻人照片。照片上方标注的姓名为德米特里·A. 谢尔盖耶夫。简历最上方配有一行简短文字：我想去谷歌工作。下方则留有应聘者的电子邮件，并附有一句话：等待工作中！

如果抢了保时捷的那帮歹徒知道科斯马是何方神圣，他们很可能就会将他交给微软公司。因为在 2011 年 7 月，微软公司曾悬赏 25 万美元征集线索，试图抓住 Rustock 僵尸网络的幕后真凶将其送上法庭。目前科斯马仍逍遥法外。

自带防护机制的 P2P 僵尸网络

科斯马并非单枪匹马通过邮件进行股票诈骗，他还有一个帮手，一名绰号赛维拉的黑客。2007 年，一位名为艾伦·拉斯基的美国籍垃圾邮件发送者曾在美国联邦法庭受审；2009 年，他因涉嫌雇佣其主要合作伙伴赛维拉及其同伙通过垃圾邮件进行股票诈骗而获罪。尽管法庭认定赛维拉有罪，但他却一直没有落入法网，这起案件也一直延期待审。赛维拉则一直躲在俄罗斯，该国并不存在将网络罪犯引渡到美国或欧洲受审的先例。

赛维拉通过强大且复杂的 Waledac 僵尸网络发送垃圾邮件。Waledac 最早于 2008 年 4 月出现，但许多网络专家认为该病毒是暴风蠕虫的变体。2007 年，暴风蠕虫首次现身便席卷全球互联网。

Waledac 和暴风蠕虫是推销药品、散播恶意软件的重要载体。在其鼎盛期，Waledac 每天可发送 15 亿封垃圾邮件。据微软公司统计，每月通过 Waledac 发往 Hotmail 邮箱的垃圾邮件就有大概 6.51 亿封，其推销内容涉及网络药店、伪劣商品、招聘广告、低价股票等等不胜枚举。而风暴蠕虫僵尸网络则操控着全球大约 100 万台的电脑，每天发送数以亿计的垃圾邮件。

Waledac 和暴风蠕虫是更为智慧的病毒，编程者赋予其自身保护机制，专门应对试图摧毁犯罪机器的网络安防人员。当服务器遭到破坏时，像马克罗和 Atrivo 之类的传统僵尸网络就会彻底瓦解。但 Waledac 和暴风蠕虫却可以利用点对点技术[①]发送软件更新和指令。点对点传送机制广泛应用于倍受用户欢迎的音乐和文件共享服务。这种技术的优点在于，即使网络安防人员或执法机构捣毁了控制僵尸网络的终端服务器，解救被感染的电脑；但只要还有一台电脑被感染，它就会继续传播病毒、感染其他电脑，从而使僵尸网络死而复生。

据 SpamIt 的记录显示，仅仅 3 年之内，通过发送垃圾邮件帮助流氓网络药店作宣传，赛维拉便获利高达 4.38 万美元，另外还有 14.5 万美元佣金入账。与此同时，他还担任 Spamdot.biz 论坛版主一职。

通过出租僵尸网络给其他垃圾邮件发送者，赛维拉可以赚到更多的钱。经过审查的论坛用户只需支付 200 美元就可以发送 100 万封垃圾邮件；发送招聘或诈骗邮件的价格为每 100 万封垃圾邮件 300 美元；以 500 美元的优惠价格就可以发送 100 万封网络钓鱼邮件。

SpamIt 泄露的聊天记录足以证明，赛维拉就是操纵 Waledac

①点对点技术（peer-to-peer，简称 P2P），不同于客户端—服务器模型，纯 P2P 网络只有平等的同级节点，网络上的其他节点充当客户端和服务器，依赖网络中参与者的计算能力和带宽。

僵尸网络散发垃圾邮件的始作俑者。2009 年 8 月 7 日，赛维拉向 Spamdot.biz 论坛一位名为“IP-server”的用户发了一封私信，从内容可以推断出后者曾向赛维拉出售“防弹”服务器，该服务器提供商可以为其提供服务器，且无视其他服务商对此的投诉。而赛维拉则付款购买了该服务器用来控制 Waledac 僵尸网络。

在这封私信中，赛维拉对“IP-server”这样说道(译自俄语)：“你好，我在你的 ICQ 上留言，但没有收到回复。有一台以“.171”结尾的服务器已经失效 5 小时。请问服务器到底出了什么问题，能否恢复，什么时候可以恢复？”接着赛维拉附上了失效服务器的错误信息。“IP-server”一定解决了这台服务器的问题，因为赛维拉所给出的服务器地址为“193.27.246.171”，网络安全专家称，该服务器在一天之后就被用来控制 Waledac 僵尸网络。

在美国联邦政府的起诉书上，赛维拉的全名为彼得·赛维拉，但这个姓有可能是伪造的。据 Spamhaus.org[①]网站的反垃圾邮件联盟称，赛维拉的真名应该是彼得·列瓦绍夫。赛维拉在多个网络犯罪论坛的垃圾邮件板块担任版主，我通过此人在论坛留下的即时聊天信息联系过他。但我联系到的人声称自己并不认识什么赛维拉，也从未通过任何网络发送垃圾邮件，他只是替客户发送过有针对性的宣传邮件而已。

为何赛维拉的真名如此重要？与控制 Rustock 僵尸网络的科斯马一样，赛维拉的行踪也价值 25 万美元。2009 年，Conficker 蠕虫突然大行其道，全球共有 900 万～1 500 万台电脑深受其害。世界各地的网络安全专家史无前例团结一致，组成 Conficker 反病毒小

① Spamhaus，一个国际性非营利组织，利用实时黑名单技术，协助执法机构辨别、追查国际互联网垃圾邮件团伙，并游说各国政府制订有效的反垃圾邮件法案。

组纷纷出谋划策，但依然无法抑制病毒的疯狂蔓延。

Conficker 蠕虫感染了大量微软 Windows 操作系统，却从未操控被感染电脑发送任何垃圾邮件。事实上，被这种病毒感染的电脑只做了一件事：下载并传播新版本的 Waledac 僵尸网络。当年岁末，微软公司宣布，任何能够提供线索协助警方抓住 Conficker 蠕虫病毒作者并将其定罪的人可获得高达 25 万美元的赏金。

进行股票诈骗期间，赛维拉和科斯马曾见过几次面，很快成为称兄道弟的朋友。根据 Spamdot.biz 存档记录显示，科斯马和赛维拉在 2010 年 5 月 25 和 26 日曾互通私信。在私信中，赛维拉称呼科斯马为“迪马斯”（德米特里的昵称）；同样，科斯马也将赛维拉亲切地称为“佩特卡”（俄语中彼得的昵称）。

赛维拉和科斯马目前依然逍遥法外，而且依然活跃在垃圾邮件和恶意软件行业中。赛维拉在几个地下论坛担任垃圾邮件论坛版主，继续经营出租僵尸网络的生意，但收费远低于 2008 年的价格。赛维拉则继续用垃圾邮件轰炸着大家的收件箱，推销假冒商品、散播恶意软件。

网络犯罪，利从何来?

SpamIt 的泄密资料显示，位列第二位的垃圾邮件发送者是一位绰号“格拉”的黑客。3 年之内，格拉和他的下线共销售至少 8 万份假药，为 SpamIt 带来了 600 多万美元的收益，格拉和同伙则因此获利 270 万美元。

综合各种资料可以认定，格拉就是 Grum 僵尸网络的幕后黑手。

2012 年被摧毁之前，Grum 僵尸网络每天可发送 180 多亿封垃圾邮件。

格拉和斯图平几乎每天都在 ICQ 上聊天，格拉总在抱怨某台服务器无法正常运转。事实上，在斯图平眼中，格拉是他所见过最麻烦的垃圾邮件发送者，他曾对 SpamIt 某个管理员说："格拉总是在抱怨服务器有问题，在这方面他是领军人物，多森特（Mega-D 僵尸网络的控制者）和科斯马都要甘拜下风。"

和斯图平聊天时，格拉提到过几个无法正常工作的服务器地址，而这些服务器后来都被证实是控制 Grum 僵尸网络的服务器。例如，在 2008 年 6 月 11 日的一次谈话中，格拉给出一个 206.51.234.136 的服务器地址。检查过这台服务器后，他告诉斯图平当时有多少被感染的电脑与这台服务器连接。而该服务器早已被认定为 Grum 僵尸网络的控制服务器。

彼时，Grum 僵尸网络已造成严重网络安全问题，同时其规模不断发展壮大。戴尔安全工作室的研究人员乔・斯图尔特将它写入文章《顶级僵尸网络曝光》中。2008 年 4 月 13 日，就在此文章发表 5 天之后，格拉与斯图平聊天时还发了这篇文章的链接，不无得意地说道："哈哈，这里面提到我了！"

不过后来格拉背叛 SpamIt，投入了 Rx-Promotion 的怀抱。加利福尼亚大学圣地亚哥校区的研究人员在研究 Rx-Promotion 的泄密文件时发现，在网站源代码中每个药店网址都会被分配一个网站 ID，通过这个独有 ID 可识别垃圾邮件的发送者以便发放佣金。调查人员发现，Grum 僵尸网络在帮助 Rx-Promotion 的网站进行邮件推广时，所有邮件中都有一个相同的 ID：1811。据泄密的 Rx-Promotion 资料显示，这个 ID 的所有者为格拉。

“但这无法证明格拉就是 Grum 的幕后黑手。”加利福尼亚大学圣地亚哥校区网络系统小组的教授、该项研究工作的另一位发起人斯特凡·萨维奇说道，“但可以证明 Grum 在为 Rx-Promotion 发邮件，而佣金付给一个绰号为格拉的黑客。”

GlavMed 和 Rx-Promotion 泄露的付款记录显示，格拉通过名为“112024718270”的 Webmoney 账户收取佣金。据一位能够查看 WebMoney 账户信息的消息人士称，该账户于 2006 年创建，账户所有者曾亲自到 WebMoney 驻莫斯科办公室提交过一本俄罗斯护照。护照持有人当时 26 岁，全名为尼古拉·阿列克谢耶维奇·卡斯特格雷兹。为了证实此人是否为格拉，或其姓名是否被盗用，我曾试着联系过卡斯特格雷兹，但并未成功。

从斯图平的聊天记录和格拉在 Spamdot.biz 网站的私信可以推测出，格拉是名好勇斗狠的黑客，总认为别人招惹了他，经常一副怒气冲冲的样子。格拉和 SpamIt 网站论坛一个名为“FTPFire”的会员宿怨颇深。在与斯图平的某次交谈中，格拉曾提到他想找到这个人，用意大利人的方式解决他。他告诉斯图平，他已经收买了几个警察，让他们找到这个“FTPFire”。

格拉还说他所宣传的某个流氓软件联盟被关闭，这让他损失了 3 万美元。他提到的流氓软件联盟就是 BakaSoftware，干的是网络恐吓勒索的勾当，而 ChronoPay 是 BakaSoftware 流氓软件联盟信用卡支付的主要服务商。被赎金软件感染的电脑会不断收到警告，提示电脑有安全问题或被病毒感染。受害者只能乖乖地掏钱购买通常无效力的流氓杀毒软件或者想办法将其清除，才能免除侵入性恶意软件带来的困扰。

格拉是否还在兴风作浪目前尚不得知，但他对垃圾邮件行业的影响却相当深远。他已将 Grum 僵尸网络的源代码卖给另外几名垃圾邮件发送者，这些人则各自为了自己的利益，继续利用 Grum 僵尸网络发送着垃圾邮件。

挡不住的垃圾邮件

像恩格尔这样易怒记仇的僵尸主控机商并不多见。已被检方定罪的俄罗斯籍垃圾邮件制造者伊戈尔·A. 阿尔季莫维奇和他的弟弟德米特里共同使用这个绰号。恩格尔涉嫌操控 Festi 僵尸网络，曾一度为 Rx-Promotion 和 SpamIt 发送垃圾邮件。

2009 年，当恩格尔和 SpamIt 管理员之间发生一系列争执后，便离开了 SpamIt，与巴维尔·弗卢勃列夫斯基结成同盟。讽刺地是，该同盟最终却导致了弗卢勃列夫斯基和 Rx-Promotion 的覆灭。据 2013 年《纽约时报》报道，阿尔季莫维奇承认恩格尔就是他本人，但否认曾控制僵尸网络或发送垃圾邮件，并声称自己只是为 ChronoPay 开发杀毒软件。

2009 年秋季甫一现身，Festi 便迅速成为僵尸网络的新兴生力军。斯洛伐克杀毒安全公司 ESET 将其列为当时最强大、最活跃的垃圾邮件僵尸网络和发动 DDoS 攻击的网络。作为 Spamdot.biz 论坛的活跃会员，恩格尔借用俄罗斯自制洲际弹道导弹“Topol-M”的名号，将自己的僵尸网络命名为“Topol 邮件发送机”，它所发送的垃圾邮件曾一度占据世界垃圾邮件总数的三分之一，而且其收件人主要是美国民众。

恩格尔在 Spamdot.biz 论坛上的个人资料包括其邮件地址——support@id-search.org，尽管这个域名早已不复存在，但调阅 archive.org 网站中该网站域名的历史资料后发现，恩格尔将其作为收集网络电子邮件地址的大本营。恩格尔曾公开声明，称该网站只是一个研究项目，但他私下里曾向 Spamdot 论坛的其他会员吹嘘，它可以同时搜索几百个网站，很快就能收集到容量达几百兆的电子邮件地址。

在为 SpamIt 工作初期，恩格尔一直怀疑古谢夫和斯图平私吞了自己推销药品的部分佣金。古谢夫和斯图平竭力否认此事，尽管两人态度真诚，但斯图平泄漏的聊天记录却证明两人并未据实以告。

聊天记录显示，Cutwail 僵尸网络的所有者古格（德米特里·奈奇伍德）劫持了 Festi 的部分网络流量，将本该为恩格尔推销的邮件用来宣传自己的药店。古谢夫和斯图平对此心知肚明，却没有采取任何行动，因为他们非常讨厌恩格尔，并对恩格尔和弗卢勃列夫斯基私交甚笃的传闻大为不满。

2009 年，总是无法拿到全部佣金的恩格尔出离愤怒，他开始在 Spamdot.biz 论坛大肆宣传他的新网站：Spamlanet.net。不久，他还成功挖走了几名头号垃圾邮件发送者，其中就包括拥有 Rustock 僵尸网络的科斯马。古谢夫和斯图平无法接受恩格尔的举动，加之后者一直到处宣传他们私吞佣金，于是二人封掉了恩格尔的论坛账户，并对他恢复账户的要求置之不理。一气之下，恩格尔利用 Festi 僵尸网络对 SpamIt 论坛及其旗下药店网站发动了一系列长时间 DDoS 攻击，令售药联盟的商家损失惨重。

本章中的垃圾邮件发送者们建造并维护着世界上最强大、最具破坏力的僵尸网络，同时也是令全世界电子邮箱每天受到垃圾邮件狂轰滥炸的罪魁祸首。总而言之，他们所控制的僵尸网络感染了成千上万的电脑，无数受害者的个人资料和财务信息成为他们的囊中之物。从个人角度讲，这些“天才”们因此获利几百万美元，还迫使我们投入成千上亿的资金来保卫信息安全。

这是一场战争，而这些垃圾邮件发送者充其量是封疆裂土的诸侯而已。在那些创建售药联盟的“君主”——引发这场战真的幕后黑手眼中，这些黑客只是替他们冲锋陷阵的小卒子。不过，地下网络世界的两位“君主”很快就会两虎相争，一场耗资巨大的争端最终引发了“售药联盟之战”。

第8章

旧友夙敌

Old Friends,Bitter Enemis

暴力色情网站为何屡禁不止？成人网站站长以何种手段赚取佣金？为何银行会为这些灰色企业提供高风险的转账服务？在线支付系统的出现，为流氓网络药店、色情产业链以及其他违法交易提供了哪些便利？

合作伙伴嫌隙渐生

2008 年初夏，27 岁的 SpamIt 合伙人伊戈尔 ·D. 古谢夫正与年轻的妻子和幼女在马贝拉市度假，尽情欣赏西班牙南部风景如画的海滩。钟情于西班牙的旖旎风光，古谢夫一家经常到此游玩，但此行另有目的：他要抓住一个改变一生的机会。古谢夫刚刚接受一份公务员的工作，昔日的垃圾邮件发送者摇身一变，成为西班牙经济发展部某位官员的助理。

彼时，SpamIt 和 GlavMed 刚刚合并便一跃成为全球最大的流氓网络药店联盟，几乎将所有头号垃圾邮件制造者尽收旗下。两个网站的吸金能力一时无两，月收入高达 600 万美元。

虽然古谢夫在事业上获得了巨大成功，却非常渴望进入西班牙政府部门，借此彻底抛弃网络犯罪团伙头目的身份。他的商业伙伴德米特里 · 斯图平还不知道此事，但纸里终究包不住火，总有一天古谢夫需要向他摊牌。两人都是白手起家，从一无所有起步，分别创建了

GlavMed 和 SpamIt，并将生意经营得红红火火。近来两人却渐生隔阂。古谢夫渴望使自己的家庭过上稳定合法、更有意义的生活。他经常旅行，留下斯图平一人维持主要依靠违法分子运作的生意，这令斯图平愈发不满。

从下文古谢夫和斯图平的聊天记录可以看出，斯图平长期压抑的不满终于爆发。这次谈话发生在 2008 年夏天，由俄罗斯人阿列克谢 · 米哈伊洛夫译为英语。此后两人还会经常谈到这个严峻的问题：斯图平总在想如何另辟蹊径赚钱，古谢夫却似乎更渴望过上更加体面、但也相对单调的生活。

古谢夫：我在西班牙过得很开心，不过心里总放不下以后的工作；不知道那会是什么样的工作。

斯图平：什么工作？我不明白你在说什么？

古谢夫：我准备进西班牙经济发展部，作副总理助理。

斯图平：嗯……你已经决定了吗？你好好想想，如果把精力和时间投入到现在所拥有的一切，我们可以将利润提高 2 ～ 3 倍，对你来说，这意味着每年可以多赚几百万美元。

古谢夫：你说的没错，因为你只想赚钱。在这没法跟你解释清楚。找个时间在莫斯科一起吃午饭，我会告诉你为什么我想要得到这份工作。长话短说：在我们国家，赚钱并不是生活的全部。关键在于要能留住钱，让财富增值，确保没人能够抢走它。现在，我们的主要收入并不完全合法。如果别人想对付我们，简直易如反掌。虽然我现在认识几个政客，但想躲过警察的追捕并不容易。我们现在的目标应该是保住手里的钱，确保不会发生任何意外。

斯图平：保住钱？这很简单，只要在海外购置房产就可以。这种事情比你想象的更机动。如果真出了事，只需要四五个人就可以维持现有的运营规模。而其他人只是帮助我们发展罢了。

古谢夫：我说的不是钱，是这个行业本身。如果我和你出了事，所谓的“机动”就不复存在。我不想让这桩生意轻易把你我拖下水。你得承认，如果没有你和我，这生意就完蛋了。仅凭安德烈、马戈、萨沙和斯特拉托斯他们几个是做不下去的。

斯图平：最近我总觉得和你讲话好像是在对牛弹琴。这么说你不会生气吧？

古谢夫：不会，你怎么会有这种感觉？

斯图平：你的行为很反常，也不再和我沟通了。

古谢夫：我还是原来的我。只是我每次说话都得不到任何回应。你只是时不时回复一句“ok”。

斯图平：我感觉我们已经不是亲密无间的“战友”了。我和安德烈还有萨沙聊得更多，有事也只有和他们商量。你要么不在，要么就什么也不做（我感觉）。我不是在抱怨，我不在意也不生气。我只是觉得没办法和你一起工作了。

古谢夫：说到工作，很久之前我就交由你全权做主了。这样效率更高。

斯图平：对我来说，不跟你沟通更好，否则我会纳闷我们为什么还需要你。你最好能做点事改善这种状况，否则我和你的沟通会越来越少，你明白吗？

古谢夫：谢谢你对我这么坦诚。你要记住，是我给你机会，将你从一个普通程序员升级为合伙人。我提拔你不是为了将来有一天，让你对我说我很多余。如果当时你没遇到我，我没有授权你管理公司，你现在可能也许只是一名在大公司工作的首席程序员，月收入 5 000 ~ 7 000 美元，但绝对买不起土耳其的房子。静下来的时候好好想想我的话吧。金钱往往会蒙蔽一个人的双眼，让人误以为自己掌握了绝对权。

斯图平：我说过你多余了吗？那是你自己的想法。你好好想想就会明白，一切能够平稳运行都是因为我，因为我没有辜负你的期望。

古谢夫：我们晚上再谈吧，我需要冷静一下。

斯图平：好的。我没问题。

两人的争执就此打住，没有再继续，因为此时突然发生一件更加紧急的事。正在西班牙南部度假的古谢夫收到了朋友阿列克谢的紧急信息。阿列克谢是名黑客，古谢夫通过他了解执法部门对垃圾邮件行业的态度。

廖卡（阿列克谢的昵称）：嘿，在吗？我正到处找你呢。

古谢夫：不好意思，我和家人在西班牙度假。

廖卡：我有个坏消息告诉你。你先听我说完，然后再作决定。

廖卡告诉古谢夫，几天前的一个晚上，他偶然碰到了与弗卢勃列夫斯基共同创立Rx- Promotion的合伙人尤里·“赫尔曼”·卡班科夫。当时卡班科夫喝得酩酊大醉，不断吹嘘自己如何贿赂当地警方立案调查古谢夫的公司。

廖卡：上周我碰巧遇到了卡班科夫，当时他喝得大醉，把知道的都说了出来。他要么在吹牛，要么就在胡说八道。他问我：“你还和古谢夫有联系吗？”我觉得他话中有话，于是追问他为何会这样问。卡班科夫暗示我放聪明点，应该和你保持距离。他说自己曾亲眼看过案子的卷宗，里面写着你已经被指控非法洗钱。

古谢夫：他们能给我定罪？

廖卡：是根据刑法里专门处理非法收入合法化的法律。但我还不确定是否真的立案了，现在只是道听途说。我当时听了也大吃一惊，卡班科夫这么做真是太蠢了。很明显巴维尔·弗卢勃列夫斯基才是这件事的幕后主使，可卡班科夫却掺和进来，这简直太荒唐了。

古谢夫：谢谢你及时通知我，廖卡。

廖卡：卡班科夫说过他想买辆车。你还记得吗，他曾在我的生日派对上吹嘘过……但后来他说买车的计划必须推迟，因为他遇到些麻烦，需要很多钱。那天他喝醉酒，终于告诉我他为什么需要那么多钱了。

古谢夫：你知道是哪位检察官负责调查这个案子吗？

廖卡：我不清楚，也不知道是谁立的案，更不确定法院是否真的已经立案了。我还没看到卷宗。

古谢夫：卡班科夫为什么花钱找人调查我？我确实没有惹过他。

廖卡：这确实不合常理，我也不知道他为什么这样做。我问他原因，他的回答是“为什么不呢？”弗卢勃列夫斯基就是个该死的混蛋。这样做真是太过分了。

古谢夫：最可笑的是，弗卢勃列夫斯基还欠我钱呢。

廖卡：他跟我吹了半天牛。还说有警察局的少校和上将会替他解决麻烦。卡班科夫对他的话信以为真，说一切都在控制之下，Fethard 的问题已经解决了，等等。

古谢夫：如果你能帮我查到谁负责调查这个案子，这事就没那么复杂了。

廖卡：我有一种非常不好的预感，伊戈尔。你能应付得了吗？

古谢夫：我现在就处理这件事，但没有完全的把握。我会请几个大人物帮忙。你知道，上帝也没有百分百的把握解决所有问题。

自此，世界上规模最大的售药联盟之间爆发了一场旷日持久、代价惨重的“售药联盟之战”，永远改变了整个垃圾邮件行业的发展进程。弗卢勃列夫斯基和卡班科夫先是收买警方调查古谢夫和他的公司，之后又发生了一系列事件，最终这场战争演变成一出好戏：到底谁能拿出更多的钱贿赂警方毁掉对手。

结果，双方都成功了。

古谢夫确信是弗卢勃列夫斯基和卡班科夫暗地里贿赂警方立案调查自己，因为不久之前发生的一次意外事件曾令 Rx-Promotion 旗下的成人网站损失 700 万美元，二人却将这笔账算在自己头上。这笔钱本来由一群俄罗斯最成功的黑客托管，却无缘无故凭空消失。此事令成人网站站长和垃圾邮件制造者们与红眼（弗卢勃列夫斯基）反目成仇。

古谢夫在电话采访中透露，自弗卢勃列夫斯基成为企业并购的受害者，将本属于成人网站站长的几百万美元弄丢之后，他们两人就成了仇家。很多西方读者一定对传统意义的企业并购，即恶意收购并不陌生；恶意收购者首先在某企业购进大量股票获得控股权，然后利用投票权对企业进行改革，如任意罢免首席执行官或对企业进行资产清算。

在俄罗斯，恶意收购则更加暴力，受贿的法官和政客往往起到推波助澜的作用。根据《沃顿商学院开放课程：沃顿知识在线》(Knowledge@Wharton) 统计，俄罗斯每年有多达 7 万家企业成为恶意收购的受害者，数目之多令人触目惊心。

“20 世纪 90 年代，描述暴徒头戴面具、手持 AK47，冲进蓬勃发展的企业总部抢夺资产、强迫企业主签署各种资产转移文件的报道时常见诸报端。”撰写此文的 5 名沃顿商学院 2010 年级学生如此写道。

“自 1999 年俄罗斯金融危机之后，恶意收购的策略和执行人则收敛了许多。现在，利益党派下令收购目标企业的形式则更为常见。收购者往往先从目标企业购买少量股份，之后利用这些股份对目标企业提出无理诉讼，再采取一套复杂且合法的套汇手段破坏企业经营秩序，致使其股票大幅贬值。这些行为可能会导致目标企业破产，但有一点可以肯定，收购者总能得偿所愿。”

这次恶意收购者盯上了弗卢勃列夫斯基的 Fethard 金融公司。Fethard 是一家虚拟货币支付运营商（现已彻底倒闭），其最大股东正是弗卢勃列夫斯基。通过创建合法实体企业“红色伙伴”做掩护，弗卢勃列夫斯基创建了多个暴力色情网站。而他用化名红眼所创建的网络论坛 Crutop.nu 则是向俄罗斯成人网站站长推销色情网站的绝佳场所。当然，弗卢勃列夫斯基一直否认自己是红眼，每次提到这个名字时，总是戏称为“红眼先生”。而古谢夫为了揭露弗卢勃列夫斯基的所作所为专门将其命名为“红眼博客”(redeye-blog.com)。成人网站站长可通过销售色情网站的月度会员资格来赚取佣金。还记得投身于垃圾邮件行业的维吉尔，即维什涅夫斯基吗？这个年轻人正是通过推销 Crutop 旗下的色情网站过上丰衣足食的生活。成人网站站长们售出会员资格后，并不会收到美元或卢布，而是 Fethard 公司的虚拟货币，这种货币不久就风行俄罗斯地下网络世界，成为购买商品或服务的通用支付手段。

Fethard 支付系统和弗卢勃列夫斯基的色情帝国共同迅猛发展，前景一片光明。直到在 2007 年 9 月，弗卢勃列夫斯基，即 Crutop 论坛的管理员红眼突然向 8 000 多名俄罗斯成人网站站长宣布：Fethard 金融公司成了企业并购的受害者，已然破产，此事令站长们与虚拟货币挂钩的资金全部化为乌有。据古谢夫透露，此次收购的幕后人物是米哈伊尔·日烈科夫，玛利亚·奥古洛娃的丈夫，而这个女人则是俄罗斯首任总统鲍里斯·叶利钦的孙女。有趣的是，奥古洛娃的父亲瓦列里·奥古洛夫曾任俄国最大航空公司 Aeroflot 的

CEO，而 Aeroflot 公司很快将彻底改变弗卢勃列夫斯基的生活。

“2007 年初，Fethard 金融公司的两大股东是弗卢勃列夫斯基和日烈科夫，后者则是著名的恶意收购者，与警界和 FSB 的人交往颇深。”古谢夫在一次电话采访中回忆道。俄罗斯《莫斯科共青团员》杂志记者亚历山大·赫什京曾撰文披露，RostInvest 公司在过去 5 年间发生过数起收购丑闻，而这家公司的所有人就是日烈科夫。

古谢夫认为，对权利的渴望以及攀龙附凤的心理蒙蔽了这位前生意伙伴的双眼，导致他没有觉察即将发生的悲剧。日烈科夫利用自己 50% 的股份控制了 Fethard 公司的日常运营，同时还可以直接查看 Fethard 的所有账户信息。

2007 年 9 月 12 日，弗卢勃列夫斯基接连遭受两次重创。首先，他惊悉自己存在 Fethard 多个账户中的所有资金都被人提走，并且这笔资金被汇入多个离岸银行账户；其次，他得知俄罗斯警察已经开始立案调查自己和 Fethard 公司，而且还将 Fethard 支付系统定性为非法金融支付系统。

“弗卢勃列夫斯基大吃一惊，他从未提防过日烈科夫。当时他正四处招摇，炫耀自己和大人物结成同盟，还幻想着这会给他带来种种好处。”古谢夫在与我面谈时这样说道。

Fethard 被恶意收购是一次重要事件，它令昔日的合作伙伴反目成仇。因为弗卢勃列夫斯基认定此事由古谢夫暗中操纵。不过古谢夫反复声明他与此事无关，我也相信事实的确如此。之后弗卢勃列夫斯基决意复仇，并和 Rx-Promotion 的联合创始人尤里·“赫尔曼”·卡班科夫密谋策划买通警方对古谢夫进行立案调查。

“日烈科夫是整件事的起因。”古谢夫说，“日烈科夫还警告弗卢勃列夫斯基别再幻想拿回 Fethard 损失的钱，否则警察就会继续调查他，那样就会大祸临头。但弗卢勃列夫斯基误以为此事和我有关。”

弗卢勃列夫斯基这样想情有可原。在很多方面，古谢夫和弗卢勃列夫斯基都是截然不同的两种人。古谢夫学识渊博，温柔体贴，做事深思熟虑、待人谦虚谨慎，花费有度；而弗卢勃列夫斯基则恰恰相反，他粗俗冲动、口无遮拦、自视甚高，挥金如土。古谢夫出身于富庶家庭，是口含金钥匙出生的天之骄子，从小就在俄罗斯最好的学校接受古典教育，他的祖父是政界的风云人物，曾担任苏联建筑部部长。而 35 岁的弗卢勃列夫斯基则看起来比实际年龄老十岁，他出身并不显赫，学生时代还曾被几家学校开除。

灰色企业专属支付平台

古谢夫第一次接触互联网是在 1998 年，当时有位本地有个商人请他为一家从事体育大事记的公司制作网站。通过这次经历古谢夫掌握了 HTML 和网络编程的所有知识，还赚到了 200 美元。不久之后，他认为自己可以在色情行业赚到更多的钱，于是找到一名程序员帮他编写一个用来收集著名色情网站地址的程序，并利用这些网站来实施“网站循环”骗术。“这种技巧简称 CJ，就是创建一个可以提供大量色情图片的网站，当浏览者点击图片时，页面就会不停地从一个网站跳转到另一网站。”古谢夫解释道，“经过多次跳转之后，浏览者就会厌倦继续寻找下去，转而点击网站的赞助广告，购买会员资格，这就是‘网站循环’的最终目的。这是一种经过专门设计以拖垮浏览者耐心的网站，效果非常好，至少在一段时间里很有效。但我要

澄清一点，这是美国人发明的骗术，可不是俄罗斯人发明的！”

古谢夫和弗卢勃列夫斯基之所以能够相识，是因为两人都与暴力色情业渊源颇深。1998 年，古谢夫是某个俄罗斯论坛的管理员，该论坛专为销售人兽交影像制品和图片的网站站长服务。而弗卢勃列夫斯基的“红色伙伴”公司的主要客户则是喜欢观看暴力色情图片及短视频的人，这些色情影像的内容涉及强奸与其他暴力性交、轮乱和鸡奸。尽管根据企业登记资料显示，这些色情网站的母公司与 ChronoPay 在荷兰使用同一地址注册，但弗卢勃列夫斯基仍极力否认与色情业有任何关联。另外，ChronoPay 在欧洲注册的网站地址曾有很长一段时间为“红色伙伴”网站所用。

古谢夫能够从色情业获利，他的信用卡结算公司“数字化网络结算”（简称 DiBill）居功至伟。该公司与荷兰银行系统合作，据说有相当一部分客户对古谢夫的服务非常满意。

某天，古谢夫突然收到来自弗卢勃列夫斯基的即时信息，后者邀请他见面商谈携手建立稳定的在线支付系统，为日益蓬勃发展的色情行业提供信用卡支付服务。彼时，互联网金融得到了西方世界的广泛认可，一夜之间色情网站如雨后春笋般涌现。

“我们在莫斯科见过几次面，弗卢勃列夫斯基对 ChronoPay 这种新型商业模式非常感兴趣，还邀请我一起创业，大展拳脚。”古谢夫说道，“经过考虑，我觉得这可能是创业的好机会。多希望我当时能理智一些，拒绝他的邀请。”

2003 年，两人正式结为合作伙伴。“红色伙伴”团队和古谢夫的 DPNet 公司合并，在荷兰创建了 ChronoPay 公司。爱沙尼亚互联网域名注册商 EstDomains 网络公司首席执行官弗拉基米尔·萨斯特辛是当时的投资者之一，他与弗卢勃列夫斯基很快就结为密友。在接下来的5年里，萨斯特辛的EstDomains公司成为最受俄罗斯网站站长欢迎的域名注册公司，尤其受到垃圾邮件发送者和恶意软件传播者的喜爱。EstDomains曾被指控散播垃圾邮件和恶意软件，不过萨斯特辛将这些投诉斥为“胡说八道”。然而，在《华盛顿邮报》揭露了萨斯特辛在爱沙尼亚因为信用卡诈骗、洗钱和伪造文书等罪名被判有罪之后，互联网监管部门就撤销了该公司域名注册的资格。EstDomains在此事件之后停止运营，但萨斯特辛和其他6名同伙却继续从事非法活动。2011年，在一次摧毁DNSChanger木马僵尸网络的跨国执法行动中，爱沙尼亚警察逮捕了萨斯特辛。该规模庞大的僵尸网络感染了全球400多万电脑，并利用恶意软件劫持用户电脑的搜索结果、强行关闭杀毒软件，萨斯特辛和他的同伙因此进账大约1 400万美元。被捕后，萨斯特辛和他的同伙被控犯有网络诈骗和洗钱罪。但2013年年末，爱沙尼亚法庭却宣布他们无罪。在本书写作时，萨斯特辛正在等待爱沙尼亚将其引渡到美国接受网络犯罪指控。

很快，古谢夫和弗卢勃列夫斯基就在同一间办公室并肩工作。但好景不长，不到一年的时间，双方就因为公司的运营方向发生了争执。二人对于应将古谢夫在ChronoPay的股份卖给谁而发生分歧。经过不断的争论之后，古谢夫终于将自己的DPNet公司卖给了俄罗斯商人列奥尼德·米哈伊洛维奇·捷列霍夫，并开始创建GlavMed和SpamIt。

“我们在同一间办公室面对面工作，就这点来说，我认为我们可以称得上是朋友或合作伙伴。”古谢夫在2011年采访中说道，“但我们的合作只维持了公司刚成立后的五六个月而已。此后，我们开始意见相左。我不赞同他的决定，他也不支持我。”

与此同时，ChronoPay 公司的运营出现了一些奇怪的现象——它竟然受到了合法公司的青睐。当时，不止色情网站，连一些著名企业也渴望为客户寻找一种新的支付方式。虽然那时俄罗斯的工薪阶层很少有人拥有或使用信用卡，但人们对电子商务的要求越来越强烈。不过令人吃惊的是，俄罗斯很少有企业愿意或是有能力建立完善的在线支付系统。

截至 2006 年，许多俄罗斯著名企业都成为 ChronoPay 的客户，如俄罗斯电信运营商 MTS 和 Skylink，甚至一些西方非营利组织，如世界野生动物基金会也成了 ChronoPay 的客户。突然之间几百万俄罗斯人可以在线支付取暖费和电话费，购买演唱会入场券和机票，而这一切都要归功于 ChronoPay。

古谢夫认为，为了留住合法的大企业客户，弗卢勃列夫斯基很可能为灰色企业客户和愿意接受高风险转账业务的银行牵线搭桥，这些高风险的转账业务都与网络流氓药店和假冒杀毒软件相关。

“ChronoPay 一直深受灰色企业的欢迎，主要原因是它拥有很多合法企业客户，其业务能掩盖这些灰色企业的非法交易。”古谢夫说道，“ChronoPay 正是利用这一点从信用卡收单银行[①]争取到更多优惠政策，他们可以对这些银行说，‘我们的大客户能够为你们带来几百万美元的业务，所以你们只要帮我们把其他那些小事就行了。’”

加利福尼亚大学圣地亚哥校区教授斯特凡·萨维奇曾从 GlavMed、Rx- Promotion 和其他网站购买过几百种合法药品，对付款

①其服务对象为特约商店。银行严格审核商店信用的优劣后与其签约，提供信用卡单据兑现服务并收取手续费。

过程进行分析之后公布了研究结果。他认为ChronoPay并非真正的信用卡支付系统，只是出售支付服务的中间人而已（行业中将其称为支付服务提供商Payment service provider，简称PSP）。

“PSP并没有自己的银行系统，但可以与拥有银行资源的公司合作，利用后者进行转账业务。”斯特凡说道，“PSP相当于非法客户的代理人。非法客户以合法公司的身份在Rx-Promotion网站登记，利用幌子公司做掩护通过多家银行销售药品。当银行发现端倪时，ChronoPay便声称不清楚这些幌子公司的所作所为，借此百般推诿、开脱罪责。”

换言之，垃圾邮件发送者需要一个支付渠道，以便客户能使用信用卡付款购买垃圾邮件中推销的药品；而ChronoPay恰好满足了这个需求，它为垃圾邮件发送者建立了合法有序的电子支付渠道。不仅如此，弗卢勃列夫斯基还利用同样的隐蔽手段，为成百上千万的美国及欧洲恐吓软件受害者处理信用卡付款交易。但正如本书所述，弗卢勃列夫斯基声称自己只是帮助那些灰色企业建立幌子公司及支付系统避开信用卡公司的追查而已，在恐吓软件这件事情上他仅扮演一名顾问的角色。

萨维奇说，业界将ChronoPay提供的服务称为“代理收账”。ChronoPay召集了多家银行，利用它们处理信用卡支付，然后将这些钱分发给以幌子公司做掩护的非法客户，对于银行来说，这些进行非法商业运作的公司才是真正的客户。弗卢勃列夫斯基和ChronoPay的员工用客户的钱支付银行的手续费，不用动自己的腰包。

简而言之，这些灰色企业别无选择，只能选择投入ChronoPay的怀抱。

“ChronoPay 非常欢迎被其他金融机构拒绝的客户。”萨维奇说道，“这种生意需要和银行使乖弄巧，而 ChronoPay 恰好擅长此道。”

ChronoPay 的合作伙伴主要是原苏联加盟共和国阿塞拜疆、格鲁吉亚和拉脱维亚境内的金融机构，它们是为 ChronoPay 进行黑色金钱交易的主力军。多亏了弗卢勃列夫斯基和古谢夫，加之俄罗斯合法企业数额庞大业务的掩护，这些金融机构对黑色交易也采取了相对宽容的态度。

“许多俄罗斯著名企业都成了 ChronoPay 的客户，从这点来讲，ChronoPay 是个特别现象。”古谢夫在 2010 年的一次采访中说道，“但这是谁的公司，此前他做过什么，现在又在做什么，大家都心知肚明。”

窝藏互联网罪犯的国家

古谢夫与弗卢勃列夫斯基分道扬镳两年之后，事业上也获得了巨大成功。他创立的 GlavMed 和 SpamIt 每月入账几百万美元，几乎将莫斯科最优秀的电脑程序员都收归旗下。

2007 年，不甘居于人后的弗卢勃列夫斯基则与卡斑科夫联手共同创建了 Rx-Promotion，还试图用高薪从 SpamIt 挖走优秀垃圾邮件发送者。当时的网络售药市场已经有二十几家网站，Rx-Promotion 依然选择跻身竞争如此激烈的市场的原因是它拥有一个独特的优势，令其他同行望尘莫及。Rx-Promotion 专门销售禁药以及致瘾处方药，如氢可酮和安定；不管什么人，无论是否拥有医生的处方，都可以从 Rx-Promotion 买到此类药品。据古谢夫称，起初 GlavMed 也销售过此类药品，但很快发现出售禁药风险过大。

“2006年，GlavMed刚开始运营时也卖过禁药，当时我们没意识到会发生什么。几年之后，我们改变销售策略，放弃了这块市场。毕竟，伟哥这种药不会对人的健康造成危害，但禁药就不一样了……通过网络销售禁药，消费者通常是对药物上瘾的人。说实话，我真的不想变成毒贩。”

但古谢夫的话与SpamIt和GlavMed泄漏的记录不符。根据记录所示，这两个网站在2009年中期之前，一直都在销售违禁药物[①]。

尽管弗卢勃列夫斯基曾威胁古谢夫会动用政治或法律关系对付后者，但种种迹象表明，古谢夫可能低估了这位前合作伙伴的决心，否则他一定会在政府机构或执法部门找到合适的靠山减缓针对GlavMed的调查进程。直到2010年初，得知俄罗斯联邦安全局正在调查自己，并被列为俄罗斯头号垃圾邮件制造者之后，古谢夫才终于接受事实，开始对弗卢勃列夫斯基提高警惕，发起反击。

警方立案调查古谢夫时，正逢时任俄罗斯总统德米特里·梅德韦杰夫为吸引国外投资大力推行斯科尔科沃创新中心项目。该中心正雄心勃勃地计划在莫斯科郊外建造科技园区，并将其打造为科技产业孵化园，即俄罗斯的“硅谷”。2010年3月，著名网络设备制造商思科承诺为该项目投入10亿美元，同时硅谷风险投资公司柏尚风险投资同意在两年内为该项目注资2 000万美元。

梅德韦杰夫和其他政府官员都十分清楚，若想吸引更多的西方投资者，必须首先摆脱包庇国内网络罪犯的恶名，而古谢夫正适合拿来开刀。于是，他成了俄罗斯国家反腐委员会的头号网络

①违禁药物指与医疗、预防和保健目的无关的药物，用药者因自身给药导致精神和生理依赖性，造成精神紊乱或出现一系列异常行为并且反复大量使用而产生依赖性。

罪犯，该机构致力于清除政府机构内以权谋私的腐败官员。

古谢夫确实没有辜负反腐委员会的“信任”，对待严查的第一反应就是买通相关人员拖延调查进度并向他提供案件进展详情，帮助他扫清障碍。

2010年1月9日，古谢夫通过在线聊天工具与自己的合作伙伴斯图平联系，商讨如何才能免于起诉或将其推后。古谢夫认为也许可以贿赂对案件有话语权的俄罗斯高官来保护自己。

古谢夫特别提到他想赞助俄罗斯排球联盟，赞助费官方报价为1 000万卢布（约合35万美元），另外还要15万美元的现金。该联盟的主席尼古拉·帕特鲁舍夫是俄罗斯执法部门的大人物，1999 ～ 2008年曾担任过俄罗斯联邦安全局局长，此机构的前身就是大名鼎鼎的克格勃。自2008年之后，帕特鲁舍夫一直在俄罗斯联邦国家安全委员会担任秘书长一职。

众所周知，俄罗斯所有体育联盟和慈善机构一贯是政客们捞油水的工具。

“在俄罗斯，体育并非真正的产业，而是敲定生意的工具。”古谢夫在电话采访中说道，“我有个非常著名的冰球运动员朋友。有一次，他对我说，在冰球联盟里，只有两个球队能取胜，其他球队只有输球的命。俄罗斯的体育是个……这么说吧，一方面你可以在这里认识一些人，为将来做铺垫；从另一个角度看，你可以在这里找到靠山。因为所有联盟，如篮球、足球、冰球联盟等等，都由政府的某些人物操控。”

古谢夫所言非虚，他的话有证可查。前瑞典家居品牌宜家俄罗斯负责人伦纳特·达尔格伦曾在《尽管荒唐：在俄罗斯征服我的同时，我是如何征服俄罗斯的》（*In Despite Absurdity: How I Conquered Russia While It Conquered Me*）一书中披露，自己曾向俄罗斯某慈善机构支付了 3 000 万卢布（约合 100 万美元）以贿赂官僚和上级官员。

2011 年 5 月，古谢夫在电话中告诉我，他已经赞助了俄罗斯排球联盟，并希望借此阻止某些人对他的调查。古谢夫确信，他的前合作伙伴、现在的竞争者巴维尔·弗卢勃列夫斯基贿赂了执法部门来调查自己，而泄密资料则证实了他的猜测。

2010 年年末，弗卢勃列夫斯基代表 ChronoPay 公司赞助了俄罗斯篮球联盟。该联盟主席为前克格勃官员谢尔盖·伊万诺夫，由俄罗斯总统普京钦定为俄罗斯副总理。事实上，弗卢勃列夫斯基是想利用伊万诺夫的身份向其他竞争者炫耀自己的成功和权势。在 ChronoPay 公司博客晒出的众多高层照片中，有一张弗卢勃列夫斯基和伊万诺夫的合影。照片中两人身穿西服，开怀大笑，坐在篮球场第一排为自己的球队加油。

弗卢勃列夫斯基到底花了多少赞助费尚不清楚，不过有许多迹象表明其花费多达 100 万美元。2011 年 3 月俄罗斯《生意人报》刊登了这样一则新闻：得益于 ChronoPay 的仗义疏财，俄罗斯投资公司 VTB 和俄罗斯汽车制造商 Sollers 均慷慨解囊，篮球联盟得到的赞助费达到 600 万美元。这篇文章引用伊万诺夫的原话："其中一半以上的钱由 VTB 公司赞助，而其余的赞助费则由 ChronoPay 和 Sollers 共同承担。"

"如果弗卢勃列夫斯基想将世界头号垃圾邮件发送者的名号扣在我头上，肯定要花很多钱，当然我也没调查过谁才应该是这个称号的拥有者。"古谢夫说道。他这句话暗指当时由加利福尼亚大学圣地亚哥校区的研究人员发表的一篇调查论文，据调查结果显示，Rx-Promotion的垃圾邮件发送量是其他网站的两倍之多，连SpamIt也望尘莫及。

“我认为业界最大僵尸网络的所有者才担得起这个称号，我原以为这些人多数是在为SpamIt工作。”古谢夫说道，“但这个调查结果表明，全球十分之一的垃圾邮件都出自Rx-Promotion。即便弗卢勃列夫斯基有钱又有靠山，但是也真的很难让人相信他和垃圾邮件行业毫无干系。”

根据2010年1月末的一段聊天记录显示，古谢夫和斯图平通过他们的公司“Desp媒体”首先向排球联盟分别捐赠了21万和11.5万美元。在一个月之后的交谈中，古谢夫告诉斯图平，他们贿赂执法部门已超过40万美元。

2010年2月19日，古谢夫透露，为了获得案件调查情况以及拖延调查进度，他刚刚向中间人以及负责此案的总检察长办公室的某位官员分别支付了两万和5 000美元。这次，古谢夫提到他找到了一个“能人”，此人是一名律师，专门替人解决麻烦，他承诺可以彻底解决红眼的问题。此人向古谢夫承诺，只要捐款足够多，不但可以确保将弗卢勃列夫斯基送进监狱，还可以毁掉他那些见不得人的生意。但此人要价高达150万美元，以及一个额外要求：古谢夫和斯图平必须答应帮助另外一个人创建一个网络售药系统，而这个人他们两人都认识。

古谢夫想见见这个人，于是向斯图平征求意见。

“我找到一个愿意帮忙解决红眼问题的人。”古谢夫说道，“这个人有切实可行的计划，是一名非常厉害的律师。一个真正能解决问题的人。但他不仅要了一大笔钱，还提出一个要求，让我们帮他朋友一个忙，此人是一个非常有名的网站站长。他曾遇到过同样的麻烦，但这名律师拯救了他。这名律师这位朋友现在赋闲在家，他希望我们帮这个朋友建立一个网络售药系统。这无疑是给我们增加了一个竞争对手，我也不想这样。但在我见过的所有人中，只有他给出了可行的计划，我觉得有戏。”

接着，古谢夫谈起了排球联盟，这个词暗指被他们贿赂的FSB官员。他说道：“排球联盟的人利用他们在FSB的人脉可以，而且也愿意帮我们，但他们对监察厅却无能为力，只能尽量拖延诉讼时间，而且他们也无法起诉红眼。那个律师让我们帮的人是我的老朋友派特，此人是儿童色情网站的站长，通过Billcards处理信用卡支付业务。”几乎可以确定古谢夫所提到的派特就是叶甫根尼·彼得罗夫斯基，Sunbill（即之前的Billcards）支付系统的所有者，曾被琴纳迪·罗格诺夫绑架。

当古谢夫告诉斯图平对方索要150万美元酬金时，斯图平大惊失色道：“啊，天啊！他能为我们做什么？”

“他承诺能将红眼关起来，并保证他无法用钱买通相关部门获释。”古谢夫答道。“另外，他还会让红眼的大部分公司歇业，这样他就没钱再和我们斗下去了。”

但古谢夫在2011年中期的一次电话采访中却这样说道：“我只想和FSB里替弗卢勃列夫斯基办事的那个人谈谈，告诉他们趁现在收手还来得及。可惜，这些人不为所动。”

2010年夏，成千上万封电子邮件和内部资料从ChronoPay流出，这或许是内部人士或侵入公司网络的黑客所为。这些资料彻底揭露了这些年里弗卢勃列夫斯基一直否认的罪行。

当我向古谢夫求证，泄密一事是否为其主导时，他断然否认；但随后又说，我有这样的想法并不奇怪，因为他自己也完全没料到对方会先在背后捅他一刀。

“在此一年前，弗卢勃列夫斯基就开始算计我了，而我还一直蒙在鼓里，因为我没想到他会将我和我的生意公布于众。”古谢夫说道，“现在，我成了一个网络罪犯，而他也没有幸免。其实最理智的做法是大家暗地里解决此事，可他却迫不及待想置我于死地，毫不顾忌由此可能带来的后果。”

弗卢勃列夫斯基认定 ChronoPay 泄密事件是古谢夫搞的鬼，于是他雇了当地一名黑客侵入 SpamIt 和 GlavMed 网络，窃取了数据库的客户资料。根据 ChronoPay 泄露的聊天记录所示，黑客窃取资料的报酬为 1.5 万美元；弗卢勃列夫斯基先付一半定金，待事成后向黑客支付剩下的一半。弗卢勃列夫斯基收到资料之后，信守诺言支付了其余的酬金。我对那位黑客的采访证实了以上事实。

以下为 2010 年 8 月 28 日古谢夫和斯图平的聊天记录，在 SpamIt 泄密资料被送到美国执法部门之后，两人正在讨论是否应该关闭 SpamIt。

古谢夫：我们麻烦大了。红眼把我们的数据库资料交给了美国人。

斯图平：你知道具体交给哪个机构吗？

古谢夫：不清楚。可能是联邦调查局或中情局。你看到克雷布斯发布的信息了吗？白宫要开会讨论网络售药的问题了。

斯图平：还没看到。

古谢夫：http://krebsonsecurity.com/2010/08/white-house-calls-meeting-on-rogue-online-pharmacie

斯图平：也许你现在应该马上回俄罗斯?

古谢夫：我正在考虑，真的有点担心这件事。

古谢夫：你觉得关闭网站怎么样? 你想想，他们现在掌握了我们所有的数据库资料……里面有 90 万条记录。他们会怎么办? 只要有一条记录被证明是真实的，我们就会被判处 5 年监禁! 最糟的结果呢? 合并判罚 5 年监禁。

古谢夫：我觉得还应该停止运营，这真是场彻头彻尾的灾难!

古谢夫：说道关闭，我觉得应该先关闭 SpamIt。等半个月或一个月后，再关闭 GlavMed。

2010 年 9 月末，古谢夫和斯图平关闭了 SpamIt，并在 Spamdot.biz 的主页上给会员留下这样一段话：

鉴于去年恰逢多事之秋，且项目愈发引人注意，于是我们决定从 2010 年 10 月 1 日起关闭 SpamIt 网站，为避免网站突然关停给诸位带来的不便以及可能造成的经济损失，我们认为此时公布这个决定最为合适。

除存疑款项之外，佣金将继续正常发放。请在 2010 年 10 月 1 日前务必将诸位的项目转至其他网站。

在此谢谢各位的配合，非常感谢您对我们的信任!

SpamIt 关闭之后，全球垃圾邮件数量锐减，预计跌幅在20% ~ 40%，而曾经为 SpamIt 工作的垃圾邮件发送者们则匆忙寻找新东家。一直关注着为 SpamIt 推销加拿大药品的僵尸网络的专家们很快发现，在网站关闭之后的几周内，当僵尸网络的控制者们绞尽脑汁另寻生财之道之时，很多主要的僵尸网络如 Grum、Rustock 和 Cutwail 都停止了活动。

根据 ChronoPay 泄密的邮件所示，由于《纽约时报》根据俄罗斯电子交流协会某位官员提供的信息进行报道，古谢夫被推上世界头号垃圾邮件发送者的宝座，尽管他反复声明，从传统意义上讲，他根本就不是垃圾邮件发送者。当莫斯科警察冲进古谢夫的住处进行搜查时，他早已带着妻子和幼女逃出了俄罗斯，据说已经前往西班牙避难。

古谢夫绝不甘心这样不战而败。同年 11 月，他又创建了 redeye-blog.com，通过该网站向公众详细揭露了弗卢勃列夫斯基劣迹斑斑的过往，甚至还专门聘请一位讲英语的人将其翻译为英语。不久之后，弗卢勃列夫斯基的众多仇敌也蜂拥而至，纷纷在网站上留言揭发红眼洗钱的罪行。几百名对弗卢勃列夫斯基恨之入骨的成人网站站长们则在网站上又补充了几百万美元的记录，这是那场 Fethard 灾难发生后，弗卢勃列夫斯基欠他们的钱。“如果你有钱，又有愿意帮你解决麻烦的朋友，那么莫斯科就是天堂。”

古谢夫在 2010 年 11 月的电话采访中说道，“我要竭尽全力毁掉弗卢勃列夫斯基的 ChronoPay。如果没有钱，弗卢勃列夫斯基就会停止他的疯狂报复。”

在这次访谈后不久，弗卢勃列夫斯基终于承认这场售药联盟的战争，事实上许多人将其称为两人之间的恩怨，已经演变到不可收拾的地步。弗卢勃列夫斯基苦笑着告诉我，这样斗下去，双方必然会“同归毁灭”[①]，可谁也不肯收手。

“问题在于古谢夫没有和我面对面交锋，只是想震慑我而已。”弗卢勃列夫斯基拥有多部电话，他用其中一部电话对我说道：“他声称会永远待在国外，这只能骗骗那些站长们。没错，这听起来有007的感觉，但没人可以一直那样躲着。事实上，古谢夫是在等我给他打电话，让我说：‘好了，朋友，我们不要再斗了。’但ChronoPay泄露的资料对我没有任何威胁，也救不了他。他自以为是的认为可以每隔几个月就勒索我一下，仅此而已。”

与此同时，全世界的电脑用户可以享受难得的片刻安宁，不用再担心垃圾邮件塞满收件箱，也不用担心邮件中的恶意软件感染电脑，窃取个人信息。对弗卢勃列夫斯基不依不饶，也许会毁掉这个他一手建立并为其带来财富的行业。在被问及是否考虑过这个问题时，古谢夫说他别无选择，只能冒险一试。

“至少我们双方都会损失时间、权势和金钱，谁都不是最终的赢家。”古谢夫从海外某处打来电话说道，“我一直揭露他，不肯偃旗息鼓，只有一个原因：如果我现在停手，一两年后，弗卢勃列夫斯基就会找机会再次对我下手，我不会给他这样的机会。”

古谢夫给我讲述了他的生活，他的生意和他与弗卢勃列夫斯基之间的恩怨。虽然他并未和盘托出，但我没有理由怀疑他。而对弗卢勃列夫斯基则恰恰相反，他总是对我说谎，在采访中也经常将事实夸

---

①同归毁灭（mutual assured destruction）是军队战略术语，指处于核攻击距离内的任何一方都不应该挑起争斗，否则双方会受到相同的伤害。

大到令人无法相信的地步。但尽管如此，他曾向我承诺，如果我到莫斯科见他，他会更加坦诚，而我急于想听听同一件事情从他嘴里说出来会是怎样的情景。看来我现在必须更新护照了。

第 9 章

深入虎穴

Meeting in Moscow

“售药联盟之战”引来网络安全专家关注。诸多秘闻亟待揭晓：欧洲著名信用卡支付服务公司竟与垃圾邮件行业有牵连？其创始人竟然是诸多灰色企业创始人？

探访“世界垃圾邮件之王”

豪华游轮稳稳地行驶在莫斯科河上，借助双引擎的推动一路破冰前行；冰冻的河水在船身下不断翻腾呻吟，嘎吱作响。顺着霜雪覆盖的黑色河水向前望去，远处高高耸立着克里姆林宫那美丽且令人敬畏的身影。身后的门突然打开，嘈杂的俄罗斯流行音乐裹挟着杯碗刀叉碰撞的叮当声猛地溢出来，流入凉爽的夜色之中。

二月份绝非去俄罗斯旅行的最佳季节，不过 2011 年俄罗斯网络安全公司卡巴斯基实验室的媒体邀请来得如此及时，令人无法拒绝。何况我也正计划突访弗卢勃列夫斯基，给他来个出其不意。因为我担心他不会逍遥多久了，于是迫不及待地接受了这次媒体邀请。

我学习俄罗斯的语言和文化、研究俄罗斯网络犯罪已有 5 年之久，能到这个冰雪国度旅游一直是我的梦想。这次俄罗斯之行只有少数几人知情，不过即使他们也不知道我的真正目的：与弗卢勃列夫斯基在莫斯科见面，之后绕道欧洲探访伊戈尔·古谢夫（结果未能成行）。

两人之间的战争是个有趣的故事，我急切很期待和他们坐在一起，面对面交谈。

之所以远赴莫斯科是因为我觉得这两个臭名昭著的网络罪犯也许即将大限将至。错过这次机会，下次可能就不是采访，而是探监。我准备对古谢夫和弗卢勃列夫斯基之间的“售药联盟之战”进行系列报道，因为全球垃圾邮件中的四分之三可能都出自这两人之手。我确信，一旦这个系列报道发表，他们就不会再接受我的访问了。

“布莱恩！快来，表演马上开始了。”尤金·卡巴斯基一边向我挥手，一边大吼，游轮强劲的涡轮声和冰块破碎时的噼啪声竟也盖不过他高亢的嗓音。我随着卡巴斯基从船尾走进主舱时，差点撞上一位身穿浅蓝色连衣裤的小伙子，他正翻着筋斗，在酒吧和餐桌中间的木制舞池中表演俄罗斯民间传统舞蹈。

明天就要离开莫斯科，所以现在我和卡巴斯基实验室的创始人卡巴斯基相约一同乘船游玩。待晚餐上桌，大家品尝着冰镇俄罗斯伏特加。卡巴斯基告诉我，20 世纪 80 年代，他曾在某个苏联政府机构从事与密码学相关的工作，而该机构由俄罗斯国防部和克格勃资助，当时的克格勃与美国联邦调查局地位相当。

一番交谈过后，我发现原来我们都对被黑客入侵的电脑安全感兴趣。1991 年，卡巴斯基的电脑中了病毒，自此之后就对电脑病毒愈发着迷。而我对电脑和互联网安全的认识则晚了 10 年。当时家中的局域网感染了 li0n 病毒，无法登录系统，还损坏了几台服务器，之后我便开始学习有关电脑和互联网安全的一切知识。此传染性极强的 li0n 病毒编写者是中国当下炙手可热的黑客。

我瞧着舞者从大厅的一边翻到另一边，脑海中浮现出抵达莫斯科后立刻与弗卢勃列夫斯基见面的情景。自从和这个网络犯罪界恶名远扬的大人物见面之后，我还没合过眼，那时的情景此刻正如电影一般在我脑中一幕一幕闪过。

飞往莫斯科的航班需经停纽约肯尼迪国际机场，在那里我遇到了刚刚就职于卡巴斯基实验室的保罗·罗伯茨，身为互联网安全记者和分析家，他也同样受邀参加此次会议。

我从未到过莫斯科，但飞机抵达谢列梅捷沃国际机场时，我发现莫斯科和想象中的那座城市毫无二致：阴冷风大，到处都覆盖着厚厚的积雪。

飞机缓缓降下，我突然意识到自己太过冒失，对这次旅行竟然没做任何准备，想到这里心中陡然升起一片寒意，这还是我第一次感到恐惧。出发之前，为确保我在莫斯科的安全，一位在国外机构工作的亲戚自告奋勇替我出谋划策。不过，他的金玉良言多为基本常识，如“选在公共场合见面”、“不要单独行动”以及“不要坐陌生人的车”。只是我没想料到，一到莫斯科我就彻底辜负了这位亲戚的好意。

按照计划，下飞机后会有出租车接我们去宾馆。但受强风影响从纽约起飞的航班晚点抵达，等我们踏上莫斯科的土地时，预定的车早已不见踪影。

走出机场大门，踏上泥泞的人行道，我们的美国人身份就暴露了。五六个男人将我们团团围住，表示愿意用很“便宜”的价格将我们送到目的地。不幸的是，我们预定的宾馆距离机场大约30公里，价格绝不会“便宜”。

一出机场，我就有种强烈的呕吐感，还差点将肚子里的早餐吐到围着我转的出租车司机身上，他们一直“热情”地在我眼前晃悠，完全不顾我们一直说着“不，不”。我抵挡不住这些人的围攻，被迫退坐在白雪皑皑的金属长凳上，想喘口气，缓缓神。那帮出租车司机似乎意识到可能逼得太紧了，于是仁慈地让我休息了几分钟。与此同时，罗伯茨沿着马路搜索着预订的出租车，过了一会儿走到我面前。

“我也不喜欢这样，但我们别无选择，只能坐他们的车了。”罗伯茨一边说，一边眯着眼打量着那帮出租车司机，他们浑身是雪，看起来像一个个雪球。

5 分钟后，我们将自己塞进一辆俄罗斯生产的黑色小汽车的后座。汽车穿过泥泞的街道，在拥挤的车流中迂回穿梭，一路向列宁格勒大街疾驰。我利用这段时间测试预付费无线网卡，我从不使用不安全的公共无线网络，尤其是在莫斯科这个国家。在此逗留期间，我也绝不会使用咖啡店或酒店的无线网络。我提前从一家名为 XCom Global 的公司购买了一张预付费无线网卡。在美国出发前，该公司寄给我一个 USB 接口的无线网卡，通过这个设备，我可以在选定的国家里通过手机 3G 网络上网。我将网卡插入苹果笔记本电脑。但令人失望的是，电脑只能联网几秒钟，然后就会断开。此刻我们正以 120 公里的时速在高速公路上飞驰，本以为是这个原因导致的，但之后发现，即便身在莫斯科市中心酒店附近的咖啡馆里，网络连接依然不稳定。就这样，我为莫斯科之行所作的一点可怜的准备也很快宣布失败。

45 分钟之后（路费 170 美元），罗伯茨和我下了出租车，住进万豪酒店。这座酒店位于红场通向莫斯科市中心宽阔的商业大道旁。酒店前台的漂亮姑娘要求我们出示护照，我毫不迟疑地就将护照递给了她。她接过护照后，简短地告诉我晚些时候再过来取，然后就迅速走进身后的办公室，不见踪影。

尽管我舍不得自己的护照，但也别无选择。然而，护照被没收的不安很快变成了恐惧。抵达莫斯科还不到 5 个小时，我突然收到一条谷歌的新闻通知，因为此前我设置了当网络帖子中提到我的名字时，谷歌就会自动向我发送通知。通知中附有一条网络链接，打开后出现一则登在俄罗斯博客 LiveJouranl 的简短信息，信息中精确地公布了我此刻所在的位置：美国网络安全博客博主布莱恩·克雷布斯抵达俄罗斯，现位于万豪酒店。

我跑上楼，走进宽敞的酒店房间；锁上房门后，仍然惊魂未定。或许我这次来莫斯科是个错误。最终我提醒自己，此次会面对于一直以来揭露垃圾邮件发送者的工作至关重要。几个小时后，心慌意乱的我终于稳住心神，决定给弗卢勃列夫斯基打电话。当我拨通弗卢勃列夫斯基所用的第三个电话号码时，电话另一端终于传来了他的声音。

“老朋友！”他在电话里拖着长腔吼道，“现在是美国时间早上 7 点，谁死了吗，这么急？”

我告诉他其实我们两人在同一城市，应该马上见个面。“老朋友！”又是一声长腔之后，弗卢勃列夫斯基告诉我在酒店大厅等一会儿，他会派车来接我。除了司机之外，他的接待秘书薇拉也会一同前往。他向我描述了薇拉的相貌特征：一个丑陋的胖大妈，会讲英语，知道如何招呼美国人，所以他要派这个人过来。

15 分钟之后，我紧张兮兮地坐在大厅里，一边等着薇拉，一边注意着酒店门口的动静，瞧着客人们抖掉身上的雪，走进酒店的旋转门。我手里捧着一杯热茶，忍不住打量起一位身材苗条的黑发漂亮女孩。她身穿紧身牛仔裤，白色蓬松上衣，一脸紧张地站在门旁。

我强忍着不去看她，但还是不由自主向她张望。我突然发现我忽略了一点：其实她一直也在掩饰，不想让我发觉她也正在观察我。双方就这样尴尬地交换了5分钟的目光，然后这名年轻女子走到我面前，问我是不是叫布莱恩。我立刻警觉起来，因为在莫斯科应该没人认识我，直到女子自报家门她就是薇拉时，我才松了一口气。我对她微微一笑，心里终于明白为什么我一直都不相信弗卢勃列夫斯基的话了。

弗卢勃列夫斯基的玩笑还没结束，在莫斯科拥挤的街道上缓慢行驶了大约20分钟后，我们终于抵达了ChronoPay办公室，一进门就碰到了另一个薇拉，只是打扮不同，原来薇拉还有一个双胞胎妹妹，两人都在ChronoPay工作。

与黑客正面交锋

那天晚上弗卢勃列夫斯基异常兴奋，我的突然拜访显然让他兴奋不已。一如往常，一见面他就开始绘声绘色给我讲了一个故事。4天前，有人授意警察突查Rx-Promotion在莫斯科金色宫殿（Golden Palace）举办的黄金聚会。该聚会是为所有帮助Rx-Promotion推销网络药店的垃圾邮件发送者举办的狂欢例会，业绩最好的人将获得一公斤金条作为奖励，其余的人则可以分别获得一部iPad或iPhone。

不幸的是，这场狂欢戛然而止，几汽车头戴面罩、手拿冲锋枪的人冲进聚会场所开始审讯参与者。据说，这些不速之客是毒品监管局派来的，但根据几名参与者在俄罗斯不同论坛中的描述，这些警察显然是以突查为借口，通过论坛用户名核对Rx-Promotion垃圾邮件发送者的真实身份。我觉得弗卢勃列夫斯基在说谎，但并不想打断他的叙述，以免他恼羞成怒将我赶出去，这种结果更糟糕。

蹊跷的是，在自己举办这场的聚会中弗卢勃列夫斯基竟然没出现。他声称在聚会前一天禁不住妻子的请求，临时决定和妻子去马尔代夫度假。更奇怪的是，在警察突查开始几个小时前，有人撤掉了聚会中所有 Rx-Promotion 网站的标志。

“网上所有人都知道 Rx-Promotion 将在莫斯科举办聚会，所有人都以为会看到 Rx-Promotion 的标志。”弗卢勃列夫斯基坐在公司狭小的会议室里，一根接一根抽着万宝路香烟，会议室墙上挂着一副巨大的旧世界地图，地图两侧挂着宝剑和红色的苏维埃旗帜。“出于某些原因，”弗卢勃列夫斯基继续说道，口气突然转换成了第三人称，“大家都以为弗卢勃列夫斯基先生会出席，但他显然无法约束每个手里拿着带有摄像头手机的混蛋，所以他决定不出席聚会。与此同时，有人撤掉了所有 Rx-Promotion 的标志。”

“弗卢勃列夫斯基先生飞去马尔代夫给自己放了 7 天假。然后他接到电话，俄罗斯毒品管制局派了整整 5 辆汽车的特种部队队员突袭聚会，封锁了金色宫殿和附近的两家咖啡馆，因为去了太多的特种部队和警犬以及摄像机。但到达那里之后才发现白跑了一趟：没见到弗卢勃列夫斯基先生，也没有 Rx-Promotion 公司的标志，总之什么都拍不到。”

警察为了令 Rx-Promotion 的创始人及其同伙出丑而突查聚会的故事听起来似乎有趣。当时是 2011 年，莫斯科新反赌博主任阿纳托利·安德烈耶夫新官上任三把火，共执行了 9 次类似的赌场突查，近 100 家小型赌博场所被突检，而 Rx-Promotion 只不过是其中之一。

弗卢勃列夫斯基讲完这个似乎随性而谈的秘史，然后让薇拉拿些咖啡来。我们又聊了一些闲话，如莫斯科的交通以及正在我们头上跺脚，将屋顶大块积雪噗噜噗噜震落下来的男人。我问了几个关于弗卢勃列夫斯基家庭的问题，听完我的问题，他面露微笑，似乎预料到我会问这些事情。弗卢勃列夫斯基冷笑着告诉我，他的父亲在一家欧洲著名制药公司奈科明工作多年。

之后我又向他询问挂在苏联旗帜两侧的宝剑的来历，它们就悬在我的身后，结果我又听到了一个长长的故事。弗卢勃列夫斯基说，这把剑是达吉斯坦共和国首都的一位政府官员送给他的礼物。他声称两人是好朋友，但没有告诉我对方的名字，只提到此人曾经担任过一段时间马哈奇卡拉市的市长。结合《莫斯科时报》的一篇报道可以推断，弗卢勃列夫斯基提到的朋友可能是赛义德·阿米罗夫，此人曾 4 次连任市长，被暗杀 15 次，虽然大难不死却因脊柱受伤而瘫痪。另据 2014 年 2 月《莫斯科时报》报道，2013 年阿米罗夫因涉嫌走私军火被起诉，此刻还在受审，而弗卢勃列夫斯基的这把剑竟然来自此人，听起来真有些滑稽。

“原来我在马哈奇卡拉市（达吉斯坦共和国首都）的朋友的叔叔是该市市长。”弗卢勃列夫斯基回忆道，“这个市长可是世界上最命大的人。他被炸弹袭击 13 次竟然都没死，只是瘫痪了。有一次，当地的恐怖分子为了杀他，不惜炸毁了整个社区。注意不是一座楼，而是整个社区。”

达吉斯坦共和国国内形势动荡，与格鲁吉亚和车臣分裂地区接壤，地处山区，当地多数居民信奉伊斯兰教。弗卢勃列夫斯基为什么会跑到那里去？对于这个问题，他的回答语焉不详。我猜很可能是他前往阿塞拜疆的巴库时顺便路过而已。根据 ChronoPay 泄露的邮件所示，ChronoPay 高层曾几次访问巴库，以维系与阿塞拜疆标准银行

(Bank Standard）的关系；这家银行负责处理 ChronoPay 流氓软件和 Rx-Promotion 网络药店的大部分款项。

我话锋一转，问弗卢勃列夫斯基是否清楚谁泄露了 ChronoPay 的内部文件。

他答道："是公司内部员工干的，IT 部门的人。他们担心自己挪用公款的事暴露，所以破坏了内部计账系统，那些泄露的文件对执法部门毫无用处，因为我们的账目已经没有了，死无对证。在文件泄露之前，计账系统就已经被破坏。"

我将一个牛皮纸信封推给桌对面的弗卢勃列夫斯基，里面是整整一袋子的邮件打印件。"不管这人是谁，从 2009 年年初到 2010 年中期，此人还给我寄了大约 3 万封 ChronoPay 的内部邮件，这些只是我收到的一小部分。"

弗卢勃列夫斯基慵懒地翻了几页，耸耸肩，然后将信封推还给我。"我一点也不惊讶。"

听到这个含糊回答，我说道："里面内容很丰富，你也许会感兴趣。有很多重磅信息，对你或 ChronoPay 可没什么好话。我估计这里多数邮件你已经看过了。"

"也许吧。这可不好说。"

我继续说道："不论你是否看过，这些资料显示你一直都没和我说实话，巴维尔。"

"哦？你指什么？"他嘀咕道。

"很多事。首先，还记得我撰写的第一篇关于 ChronoPay 的报道吗？ 2009 年关于流氓软件的那篇，你说你和此事毫无关系。"

"想起来了，那篇报道有什么问题吗？"

“你说呢？现在看来，其实是你和你的合作伙伴一手打造了这个行业，你们花钱注册网站，还负责处理交易款项。”

“那又怎样？我之前和你说过，这是支付运营商的工作，很复杂，不是一两句话就能说清楚的。我们确实违反了维萨和万事达卡的交易条例，按照规定这属于违规操作，但大家都在这么做，这是众所周知的事。我们帮助客户注册开户，然后提供交易处理服务和相关的客服，仅此而已。”

弗卢勃列夫斯基喝光杯中的咖啡，又点一根香烟。他所说的是2009年我在《华盛顿邮报》上刊登的文章，那篇报道中揭露了弗卢勃列夫斯基与他的ChronoPay以及恶意软件行业之间存在着千丝万缕的关系。

“你写错了，你写那篇文章的时候，我们对恶意软件知之甚少。你揭发的那家公司不止从事开发恶意软件生意，还涉足很多其他行业。你可以查查Wirecard和Visa Iceland，它们也一样。但我们不同，我们要求开户者必须是合法企业，比如还要有合法网站等等。多数的支付服务提供商只能替客户登记，从内部起到监督作用而已。”

我反驳道：“但你从没提到ChronoPay其实也在为Rx-Promotion提供服务……”

“你说的没错，我确实没有告诉过你。”

“但这是真的，对不对？”

“是的，起码曾经是。”

我困惑道：“什么意思？现在不是了吗？你们什么时候停止合作的？”我们的谈话终于进入正题，弗卢勃列夫斯基承认ChronoPay曾为Rx-Promotion提供信用卡交易服务，这与泄露的大量邮件记录和表格不谋而合。在我来莫斯科之前，弗卢勃列夫斯基在一次电话长谈中曾确认泄露资料和邮件的真实性，因为他不得不承认一点，即便是俄罗斯联邦国家安全局也无法炮制数量如此众多的虚假资料。

“我的朋友，很可惜我不能讲。”

“什么？巴维尔，你的承诺呢？我冒着巨大危险，不远万里亲自来见你，你就这样打发我吗？”我清楚这话很可能会惹怒他，但我需要答案。

弗卢勃列夫斯基再次哈哈大笑，说道：“我们会放弃一些客户，就这么简单。”

“放弃 Rx-Promotion ？什么时候的事？”

“2010 年 9 月。也就是说我用了……该死的，差不多一年时间决定转行做合法生意了。”

说到这儿，弗卢勃列夫斯基打了一个电话，然后用俄语吩咐薇拉再给我们倒些咖啡。

我趁热打铁说道：“泄露公司文件的人很了解你的所作所为。”

“他们曾从我这里偷钱,当然很了解我。但他们不能拿我怎么样。”

“此话怎讲？”

“泄露的资料还不足以置我于死地。还需要证明这些资料的真实性，而要想证实真实性，你必须知道这里面的门道。泄密的人犯了很多错误。我做事很谨慎，你没发现这些资料里没有任何直接证据，只有间接证据吗？你了解这个行业的内幕，根据资料里的内容你应该猜得出是谁在搞鬼。”

漂亮的薇拉走进会议室，提心吊胆地对我们微微一笑，她似乎察觉到会议室内的气氛有些紧张，所以将咖啡放下后就飞快溜走了。

弗卢勃列夫斯基的话让我有点摸不到头脑，我不想打断他，于是顺口应道："好的，继续说。"

"布莱恩，说句题外话，有件事让我有些意外。"

"你指什么，巴维尔？"

"对我……你总是咄咄逼人，以为我在骗你，我说得没错吧？"

弗卢勃列夫斯基聪明地将话头指向我,这有些出乎我的意料。"我这个人比较守旧。总希望别人能如实回答我的问题。"

"哈哈哈，很多人都这样。但言归正传，我认为 Rx-Promotion 和泄密的资料没什么大不了的。告诉你为什么：因为我没有触犯任何一条法律。"

我忍不住放声大笑，咖啡差点从鼻孔里喷出来。我努力捧住手里的咖啡杯，以免咖啡溅到我的西服和会议室的桌子上。弗卢勃列夫斯基也和我哈哈大笑起来，会谈的紧张气氛一下烟消云散。

我发现再谈下去也得不到任何有价值的信息，于是我改换策略，从公文包里又掏出一些 ChronoPay 泄密邮件的打印件。

"我想知道你对这封来自 ChronoPay 安全主管弗拉基米尔·斯捷潘诺夫的邮件的看法，邮件日期是 2010 年 3 月 16 日，标题是《Rx-Promotion2 的总收入》。根据邮件内容所示,你和尤里·"赫尔曼"·卡班科夫显然是 Rx-Promotion 的合伙人。邮件里是这样说的：朋友们，我们挚爱的基谢廖夫发来了技术支持费用的账目。保罗（弗卢勃列夫斯基）和赫尔曼各拿一半……"

弗卢勃列夫斯基显然被激怒，他冷着脸打断我了的话："布莱恩，等一下！我不明白你在搞什么！别人怎么说可不管我的事。如果你想吓唬我就免了，别来这一套。"

我沉默了几分钟没有说话。弗卢勃列夫斯基脸上依然挂着憨笑，没等手里的烟头熄灭，又点了一根万宝路。我以为这种尴尬的沉默也许能刺激他说一些实话，但他没上钩。

“我不想再和你谈 Rx-Promotion 的烦心事，你自己也挖不出什么有价值的信息。恶意软件的事也不例外。要是谈古谢夫，我倒是知道不少。正如警察们常说的，要想查到什么，最好的办法就是让一个人自己供认。我不想探讨你提起的这个话题。但我之前答应过你，我会回答一些问题。当然不是所有问题，只是一部分。”

“我明白了。那再帮我一个忙，可以吗？说说你是什么时候准备对付古谢夫的？”

接下来，我们又谈了 3 个小时，但弗卢勃列夫斯基要么回避问题，要么信口胡言。最后我疲惫不堪，起身告辞结束了会谈。离开之前，弗卢勃列夫斯基带我参观了 ChronoPay 公司所在的大楼，据他说，这是一座具有历史意义的建筑。

在我们下楼去停车场的路上，弗卢勃列夫斯基指着楼下一间办公室让我看，该办公室位于 ChronoPay 办公室入口的正下方。门上写着“俄罗斯电子通信协会”。根据泄露的资料显示，俄罗斯电子通信协会创办人的工资每月由 ChronoPay 定期支付。而组织西方媒体揭露古谢夫罪行、给他扣上“俄罗斯头号垃圾邮件发送者”名号的不是别人，正是这个俄罗斯电子通信协会。

两天后，我离开了俄罗斯，在此之前弗卢勃列夫斯基曾两次邀我见面，但都被我拒绝了。我对第一次会买你感到气愤、不安。在过去的 8 个月中，我一直在电话里听对各种事情胡说八道，但真的面对面交流时，他无耻的态度和连篇谎言让我极度愤慨，无所适从。

我本就对弗卢勃列夫斯基没有抱太大希望，所以对于他避重就轻、装聋作哑的态度并不意外。不过，他倒是替我证实了几条重要信息的真实性。ChronoPay 不但和恶意软件公司以及售药联盟 Rx-Promotion 渊源颇深，同时也是创建以及扶持这些公司的幕后黑手。

在会谈中，弗卢勃列夫斯基曾自信满满地说他没有触犯法律，可事实证明他大错特错。在我们见面的 4 个月后，俄罗斯执法部门签发了对弗卢勃列夫斯基的逮捕令，罪名是他涉嫌对 ChronoPay 的头号竞争者、俄罗斯支付运营商 Assist 发动大规模网络攻击。弗卢勃列夫斯基随后被捕受审，并被判有罪，刑期为两年半。2014 年 5 月，已经入狱一年的弗卢勃列夫斯基突然被莫名其妙地释放了。

尽管这次见面并不像预料的那样顺利而且令人失望，但我也对滋生这个行业的生态环境有了更清晰的理解，这正是我一直进行调查的目的。我采访过几十位购买过垃圾邮件所推销的商品的顾客，也锁定了几名全球最臭名昭著的垃圾邮件发送者。在这场没有硝烟、也不存在边界的战争中，有些人一直在与这些恶徒展开战斗。下面，垃圾邮件发送者作战的“反抗军”登场了。

第 10 章

反抗军

The Antis

网上购物时担心信用卡信息泄露？害怕自己的电脑被黑客入侵？不用担心，“黑名单”以及互联网安全专家会为我们保驾护航。然而，身边的定时炸弹路由器总是被人忽视。如何避免成为黑客手中的棋子、正确设置网络路由？

黑名单：将垃圾邮件拒之门外

在垃圾邮件行业和网络犯罪界，反抗军是少数几个必能激起一番热烈讨论的话题。在地下网络世界，该词代指那些或单枪匹马，或携手打击令我们深受其害的大型僵尸网络的“执法者”。根据泄露的斯图平与其几百名同伙的在线聊天记录显示，当这帮人不忙着发送垃圾邮件时，就会利用手中的僵尸网络大军攻击对他们构成威胁的目标，使其网站瘫痪，无法访问。

尽管垃圾邮件发送者们也会不时互相残杀，但反抗军则是他们共同的攻击目标。他们清楚这些人才是真正的敌人，直接对自己的生意构成了威胁，事实上也确实如此。截止 2014 年第三季度，每日全球发送的邮件中近 70% 邮件是僵尸网络喷吐的垃圾邮件。垃圾邮件的问题到底有多严重？通过下面的数据便可窥知一二。每天 SpamIt 和其他垃圾邮件联盟发送的垃圾邮件数量约为 850 亿封。根据 InternetWorldStats.com 网站统计，截止 2012 年 4 月，全球上网总人数约为 24 亿，也就是说每一名互联网使用者日均收到垃圾邮件数量约为 34 封。

一些单独行动的反垃圾邮件者，如 InboxRevenge.com 论坛的会员，经常为打击垃圾邮件出谋划策。常用的打击手段包括向域名注册商举报发送垃圾邮件者的域名以及揭露包庇他们的服务器供应商。亚当·德雷克便是该论坛中最活跃的积极分子。弗卢勃列夫斯基为打击对手古谢夫，曾将 SpamIt 的数据库泄露给某个反垃圾邮件人士，而此人正是亚当·德雷克。

极具讽刺意味的是，为打击垃圾邮件制造商，德雷克和伙伴们不得不使用敌人的方法来还施彼身。他们编写了一系列程序，在垃圾邮件推销的网络药店上使用虚假身份及信用卡信息快速提交订单。当药店发现收到数量众多的虚假订单后，只能人工核实订单信息。有时，这些程序可以令售药网站的处理速递慢如蜗牛，从而阻止有意购买的顾客。

“我们平均每天在这些网站提交 2 万～ 3 万份订单。”2007 年德雷克首次使用了这种方法。为应对这种局面，垃圾邮件联盟推出了更加智能的虚假订单识别系统，这套系统的运行方式与其异常痛恨的垃圾邮件过滤器大同小异。该系统根据已经被识别为虚假订单的特征，通过对每笔订单打分来识别真假。结果造成很多真实购买者的订单被拒绝或取消。“显而易见，我们的活动给他们造成了一些损失。”德雷克说道。

事实上，SpamIt 和 GlavMed 的订单审核程序经常将略有可疑的订单识别为虚假订单。根据泄露的订单记录显示，成千上万笔交易因为略有可疑就被暂停或取消。比如，SpamIt 客服系统中有几千笔订单就因为以下原因被冻结或取消："此订单可疑，买家提供的电话号码不属于信用卡账单地址所在地区。"据维什涅夫斯基称，这种反欺诈措施也被用来防止内部人员利用盗取的信用卡提交订单以骗取佣金。这种行为不但通过虚假交易骗钱，还会给售药联盟的信用卡交易带来许多麻烦，一旦信用卡退单达到一定数额（通常为销售额的1%），银行就会收到监管部门的巨额罚单。

SpamIt的管理者还采取了一些特殊手段保护客户信息，千方百计地保护所推销的网络药店免受打击。SpamIt利用被病毒感染的电脑，使用一种名为"闪变"（fast-flux）的技术隐藏网络药店的真实地址。这种技术类似著名的街头骗术"三张牌"[①]，可在很短时间内改变网站地址，使人无法追踪定位网站，当然也谈不上对其采取措施了。

换言之，当垃圾邮件的收件人点击某链接，打开网站；几秒之后，再点击同样的链接，虽然看到的还是同一个网站页面，但网站地址已经改变。购药的消费者并不会察觉任何异常，最多只是觉得网页打开速度的稍慢一些而已。

SpamIt管理者还小心翼翼提防着万事达信用卡、维萨信用卡和著名制药企业的调查人员。根据泄露的SpamIt的数据库显示，他们会定时为被封杀的客户更换新的网站和邮箱地址。

像古格和科斯马这样的垃圾邮件发送者为确保目标收到邮件，一直在不断更新技术，以突破同样在不断更新的反垃圾邮件程序和硬件的防线。

垃圾邮件的数量如此庞大，一些企业网络的安全专家们只好在硬件和反垃圾邮件软件中添加"黑名单"功能，也被称为"阻止名单"。

①三张牌，一种网络骗术，行骗者将三张明着亮出来的扑克牌翻转，然后让人下注猜牌。

本质上说，黑名单就是一份记录了经常发送垃圾邮件的网络地址名单。这些地址通常分两种：一种是为垃圾邮件发送者提供服务的网站或服务器供应商的地址，如 Atrivo 和马克罗互联网公司；另外一种则是被病毒感染的个人电脑的网络地址。

大家广泛使用的黑名单都出自一些名字奇怪的秘密组织，如 Spamhaus，SURBL 和 URIBL（名字中的 BL 代指黑名单，黑名单英文为“black list”）。

企业为保护成千上万的员工免受垃圾邮件的骚扰，会将黑名单加入垃圾邮件过滤系统，并定期更新，这种方法有效阻止了从黑名单地址发来的所有邮件。有些合法网络地址偶尔也会被人恶意加入黑名单中，但很多公司往往宁可错杀一百，也不放过一个，所以对这个小缺点也并不在意。

但在垃圾邮件从业者眼中，那些自己为是的邮箱守护者们就不那么可爱了；他们认为收件人接收哪些邮件不该由“反抗军”做主。2011 年，几个执法部门和我获得了 Spamdot.biz 论坛的数据，据说很多世界知名垃圾邮件发送者经常在这个论坛中活动。根据论坛中的帖子所示，早在 2005 年，为惩罚和警告反垃圾邮件积极分子，垃圾邮件发送者就曾策划并实施过大规模网络攻击。

网络暴力何时休?

在这些最猛烈、最具破坏力的网络攻击中，一家曾有效打击垃圾邮件的新兴公司蓝色互联网安全有限公司不幸成为互联网历史上最大网络袭击的受害者。这家公司开发的“蓝蛙”杀毒软件用户多达

50 万，该软件还自带一种巧妙有效的反垃圾邮件机制：自动回复垃圾邮件，要求发信者停止发送。

通常，垃圾邮件发送者是不会在意这种“无理”请求。于是，蓝色互联网安全有限公司就会采取下一步行动。52.2 万名“蓝蛙”软件使用者将同时向垃圾邮件发送者发送回信，蜂拥而至的邮件令垃圾邮件发送者应接不暇，严重影响了垃圾邮件的发送进程。该软件令很多知名垃圾邮件发送者心生忌惮，只好放过“蓝蛙”软件用户，不再向他们发送垃圾邮件。

但好景不长，不久垃圾邮件行业中的佼佼者就纷纷向蓝色互联网安全有限公司宣战，发誓要彻底击垮该公司。根据 Spamdot.biz 论坛中长长的讨论帖所示，至少有十几名顶尖垃圾邮件发送者协商，决定共出资 1.5 万美元,利用僵尸网络对“蓝蛙”软件用户发动突然袭击。这次网络攻击持续了几周时间。

Spamdot 的垃圾邮件发送者们发现“蓝蛙”软件存在一个致命漏洞：凡是向“蓝蛙”软件妥协的垃圾邮件发送者会获得一个免费清除软件，通过该软件可以从他们的收件人列表中移除“蓝蛙”软件用户的邮箱地址。尽管蓝色互联网安全有限公司煞费苦心将该软件中所包含的客户邮箱地址进行了加密处理，但垃圾邮件发送者还是找到了破绽。只需将垃圾邮件收件人邮箱地址名单与经过软件处理的名单作对比，原始名单中消失的那些邮件地址就是蓝色互联网安全有限公司的客户。

在那次大规模网络攻击开始之前，52.2 万名“蓝蛙”软件使用者首先收到了一封威胁信。以下为论坛中刊登以供会员浏览的信件内容，经过几名会员的修改后发给了蓝色互联网安全有限公司的客户。

你之所以收到这封信，就因为你是蓝色互联网安全有限公司著名软件“蓝蛙”的用户。

我们已经控制了蓝色互联网安全有限公司的数据库。在48小时之内，我们会在网上公布该数据库信息，届时你们将被赤裸裸暴露在所有垃圾邮件发送者面前。之后，你的收件箱中的垃圾邮件将会增加10～20封。

正是因为你们助纣为虐，蓝色互联网安全有限公司才会非法扰乱电子邮件市场，甚至很多从未发送过垃圾邮件的网站也因此受到攻击。经过对蓝色互联网安全有限公司软件的全面分析，我们发现其软件中含有大量恶意代码，它们的用途包括：

向用户发送大量邮件；

利用DDoS攻击网站；

在运行该软件的所有电脑上开设后门；

而隐蔽的自动更新功能可以在用户电脑中安装任何程序，将用户的电脑彻底暴露给黑客。

蓝色互联网安全有限公司的注册地址在美国，但总部却设在特拉维夫市（以色列首都）。该公司的经营者是几名俄罗斯籍犹太人，他们本身就曾涉足垃圾邮件行业。当这些人达到自己不可告人的目的之后，就会弃你们于不顾，逃之夭夭、隐姓埋名。而你们协助他们从事违法行为，别妄想能逃脱惩罚。

我们谨以此封邮件阐明实情。如果继续使用“蓝蛙”，你们将很快坠入犯罪的深渊，即涉嫌从事网络犯罪，如协助发动 DDoS 网站攻击，或发送垃圾邮件推销伟哥和各种色情影像制品。

蓝色互联网安全有限公司的软件是免费的，他们提供反垃圾邮件服务也不收费，可见这家公司没有任何收入，但他们却有 50 万台电脑随时候命。你知道他们此刻正在做什么吗?

利用你们的电脑发送垃圾邮件；

利用你们的电脑攻击竞争对手的网站；

偷窥你们的文件、窃取个人和银行信息。

你以为只要更换邮箱地址,使用“蓝蛙”软件就安全了?那你就大错特错，太小看他们了。你已经落入他们的魔爪，这只不过是个开始……

Spamdot 论坛一个网名为“BoT”的活跃用户制定了攻击蓝色互联网安全有限公司的计划：利用该公司本身的反垃圾邮件机制对付“蓝蛙”软件用户。这个方法简单巧妙。首先，垃圾邮件发送者会注册几十个域名，而这些域名都会重定向到他们所控制的某个网站；接下来，向所有“蓝蛙”软件用户发送垃圾邮件，正如前文所述，“蓝蛙”软件用户的邮箱会自动回复邮件要求发送方停止发送邮件。当这些网络请求发送到垃圾邮件发送者控制的网站时，攻击者只需更改相关网络设置，将所有请求转接到蓝色互联网安全有限公司的主页即可达到攻击目的。“这样，他们就会自食恶果，不断收到用户投诉。”在网络攻击开始之前，“BoT”在论坛的帖子中解释道。“我们甚至可以将流量转到 CNN、BBC 或路透社的网站，这样媒体就会报道《一场由蓝色小蛙引发的互联网战争》。”

2006年劳动节当天，蓝色互联网安全有限公司遭到了垃圾邮件发送者愈发猛烈的攻击，致使网站瘫痪，无法访问。起初他们以为只是网页加载出现问题，并未意识到自己已经成为黑客的攻击目标。于是公司管理层决定将访问主页的用户转移到公司的博客页面，并在该页面刊登了一封致所有“蓝蛙”软件用户的公开信，表示网站暂时出现了一些问题。

Six Apart公司为蓝色互联网安全有限公司的博客提供服务器托管业务，其总部设在旧金山，同时他们的TypePad服务器也在为几百万个网站提供类似服务。蓝色互联网安全有限公司的做法无意中将网络攻击引向了Six Apart公司的服务器，结果导致该公司服务器上几千家网站也同时陷入瘫痪状态。这次DDoS攻击也令Tucows Inc.公司停止运营近12小时，这是一家总部设在多伦多的互联网安全公司，负责维护蓝色互联网安全有限公司的网站。该公司总裁艾略特·诺斯在谈到这次网络攻击时，称其为“该公司所经历过的最大规模的网络攻击”。能够抵御这类攻击的公司本就屈指可数，更何况此次攻击还如此猛烈。“这就像是在用原子弹炸蚊子。”诺斯说道。

受到网络攻击后不久，蓝色互联网安全有限公司总裁伊兰·瑞舍夫收到了一封来自垃圾邮件发送者的邮件，信中宣称他们决定停止对该公司客户的网络攻击，并告诉瑞舍夫如何与负责此次攻击的黑客联系。

邮件中附有一家当时正由垃圾邮件发送者推销的网络药店网址，信中指示瑞舍夫查看网址源代码。随后，瑞舍夫在网页源代码中发现一个陌生的ICQ账号。

为避免被感染病毒，蓝色互联网安全有限公司团队下载了该网络药店的主页，然后在HTML编辑器中打开，找到了他们需要的信息："preved, stuchis v asku 299650295"，意为"你好，联系ICQ账号299650295"。瑞舍夫向这个账号发起聊天请求，与一位网名为"药店掌柜"的人聊了起来。药店掌柜对瑞舍夫极尽嘲讽之能事，而且他根本没兴趣谈判。

2006年5月2日 星期二

[16：02] 蓝色互联网安全有限公司：想谈谈如何处理现在的局面吗？我们明白你们的顾虑，但正如我之前所说，事情与你们想象的有出入，我们不想影响你们的生意。我们不是一家反垃圾邮件公司。

[16：07] 药店掌柜：我说的是个人用户和一些大型公司加起来，每天有1万封邮件的损失，这可不是小数目。我刚才说了，我只知道一点：是你先惹了我，惹了我的客户和我的手下，不给你点颜色看看，你就不知道我们的厉害。等我确定你知道自己做错了，我们再接着谈，但我感觉你的认识好像还不够深刻。公司网站瘫痪还不算最坏的情况，让你们整个系统停止运营几个月如何？

瑞舍夫不愿意透露此次网络攻击的详情，据一名协助应对此次网络攻击的人士透露，有人还威胁会伤害瑞舍夫的家人。"那次网络袭击的性质非常恶劣，黑客甚至还对人身安全进行威胁。我记得当我与瑞舍夫和其他人开会时，他收到几张孩子在操场上玩耍的照片，而这些照片都是偷拍的。"

这次网络袭击又持续了两周，而且攻势愈发猛烈。在此期间，黑客还向蓝色互联网安全有限公司的员工发邮件，声称他们已经掌握了70% 的 “蓝蛙” 软件用户名单，如果谁将剩下的名单交出来，他们愿意支付 5 万美元。

2006 年 5 月 14 日，蓝色互联网安全有限公司管理层与美国联邦调查局官员见面商讨对策，但并未得到任何实际性结果。两天后，瑞舍夫和他的公司宣布向黑客妥协。5 月 17 日，《华盛顿邮报》头版头条对此事进行了专门报道。蓝色互联网安全有限公司吸引了不止 4 百万美元的风险资金支持，投资人决定认输投降。

该报道引用了互联网监控公司 Renesys 运营安全主任托德 · 安德伍德的话：“瑞舍夫这样做并不不奇怪，但这着实令人感到悲哀。”

“当公司创始人瑞舍夫向更多的反垃圾邮件人员征求意见，询问他们对此事的看法时，大家都认为这是个糟糕的决定，会助长黑客的嚣张气焰。”安德伍德说道，“这同样非常不幸，因为妥协表明垃圾邮件发送者在这次事件中完全占据上风。”

此次攻击的组织者疑似当时某大型网络售药联盟的负责人。Spamdot.biz 论坛上公布的很多攻击方案都是由论坛的老用户，一个网名为“绿先生”的黑客策划实行。据 Spamhaus 组织称，此人是俄罗斯人，真名叫作弗拉德 · 霍霍利科夫，是臭名昭著的垃圾邮件发送者列夫 · 库瓦耶夫的合作伙伴。

此次蓝色互联网安全有限公司被黑客攻击事件令世界各地的反垃圾邮件者深受刺激。当时，全世界近 90% 的电子邮件都是垃圾广告邮件，而蓝色互联网安全有限公司的妥协则令备受摧残的电脑用户们深感绝望。而 Spamdot 旗下那些推销网络药店的垃圾邮件发送者们却依然日进斗金，每月进账几百万美元。在垃圾邮件发送者眼中，蓝色互联网安全有限公司是反抗军中的新兴力量，对他们的生意构成了巨大威胁。为维持自己的利益，他们会不惜一切代价除掉任何挡住财路的人。

Spamhaus 组织确信，库瓦耶夫和霍霍利科夫是“卡特尔”联盟 Mailien 和 Rx-Partner 的经营者。而泄露的 SpamIt 管理员德米特里·斯图平的在线聊天记录则证实了 Spamhaus 的论断。2008 年，在斯图平和乔普聊天时，曾谈到一个竞争对手，名为“Affiliate Connection”的网络售药联盟。乔普是俄罗斯人，曾是 GlavMed 业绩最突出的垃圾邮件发送者之一。

“不知该不该问，你认识列夫·库瓦耶夫和弗拉德·霍霍利科夫（绿先生）吗？”见斯图平犹豫不决，乔普马上道歉，然后转换了话题。“我收回我的问题。我真是糊涂，竟然忘了 Rx-Partners/Stimulcash 就是他们的合伙人。”

库瓦耶夫，俄罗斯人，2003 年曾因违反美国反垃圾邮件法在马萨诸塞州获罪，并因为利用邮件兜售盗版微软 Windows 操作系统以及其他知名软件而被判罚金 3 700 万美元。据报道，库瓦耶夫随后出逃，躲过了牢狱之灾。他被定罪之后，返回了俄罗斯。但微软公司最终笑到了最后。这位软件巨头花钱雇佣俄罗斯电脑取证公司 Group-IB 监视库瓦耶夫的一举一动，并向俄罗斯执法部门通风报信。

2011 年，库瓦耶夫因涉嫌猥亵儿童被捕，现于俄罗斯监狱服刑。在收到库瓦耶夫正与未成年女孩发生性关系的举报后，警察前往库瓦耶夫的住所进行突查。在他的家中，警察发现许多时长几小时录像带，记录了库瓦耶夫虐待女孩的细节。这些受害者都是莫斯科附近孤儿院的孤儿，库瓦耶夫诱骗他们到家中之后进行性侵，年纪最小的受害者仅有 14 岁。2012 年，经过审讯，库瓦耶夫因猥亵儿童被判入狱 20 年，现于监狱服刑。根据俄罗斯月刊《MKRU》的报道，库瓦耶夫的刑期刚被减为 10 年。

我曾通过邮件联系库瓦耶夫，但他极力否认曾参与攻击蓝色互联网安全有限公司的行动。现在，究竟是谁策划了那次网络攻击依然是个谜，但根据 SpamIt 泄露的聊天记录和论坛的讨论帖得知，霍霍利科夫和库瓦耶夫显然是这起事件的主谋，而库瓦耶夫的帮派成员也卷入此事。

蓝色互联网安全有限公司被攻击后不久，绿先生即要求 Spamdot 论坛管理员删除他发布的所有帖子以及账号信息，但他的一些发言由于被论坛其他会员引用现在依然可以看到。这些发言可以证明绿先生和一位自称撒旦教徒、网名为“Zliden”的会员联手策划了那次网络攻击。“Zliden”论坛资料里的邮件地址为 domains@locu.st，据 Spamhaus 组织人员称，这正是列夫・库瓦耶夫最后使用过的电子邮件地址。

业界公认库瓦耶夫是最胆大包天、最忠实的垃圾邮件发送者。与很多顶尖垃圾邮件发送者一样，他曾使用过多个网名，小心翼翼隐藏自己的真实身份。通过经常改变邮箱地址、更换网名、删除旧贴来躲避网络犯罪调查者以及反垃圾邮件积极分子对他的追踪。

即便如此，库瓦耶夫和其追随者，如科斯马和奈奇伍德的最终结局证明了一点：天网恢恢，疏而不漏。尽管他们只在网络上神出鬼没，令人难寻踪迹，但反垃圾邮件者和互联网安全专家一直在不遗余力搜索，以期将他们绳之以法。

路由器，身边的定时炸弹

事实上，除蓝色互联网安全有限公司之外，Spamhaus 组织和其他备受欢迎的黑名单提供者，如 URIBL 和 SURBL 组织都是 Spamdot.biz 论坛会员发动网络攻击的目标。2008 年 10 月，Spamdot 论坛管理员伊卡在论坛发布了一条公告，表示会持续更新向提供黑名单的 3 家网站实施长期 DDoS 攻击的筹款情况。

部分公告内容如下：

> 亲爱的先生们，
>
> 我们的筹款已超过 3 000 美元，其中一部分要用来支付前 4 天对 URIBL 和 Spamhaus 攻击的费用。另外，我们还以每 1 000 台电脑 25 美元的价格购置了价值 1 000 美元的僵尸网络。
>
> 目前计划用 DDoS 攻击的目标：
>
> 1. URIBL 网站 http://lists.uribl.com/
>
> 2. Spamhaus 创始人 SteveLinford 的网站 www.uxn.com 和 Spamhaus 的备份网站 www.ultradesign.com/
>
> 3. Spamhaus.org 旗下的两个网站

“Affiliate Connection”网络售药联盟的代表纷纷发帖表示，其联盟的垃圾邮件发送者十分愿意将其控制的几百万台傀儡机贡献出来，用以对 Spamhaus 进行 DDoS 攻击。同时也指出，这种形式的攻击成本很高，因为反垃圾邮件公司很快会将这些中了病毒的电脑列入黑名单中，这样他们就无法利用这些电脑发送垃圾邮件赚钱。另外，联盟代表还透露了一个重磅消息，称 URIBL 和 SURBL 最近从知名的防 DDoS 攻击公司购买了防 DDoS 攻击服务。

但 Spamdot 管理员表示不会因此改变计划。

“既然他们提高了对 DDoS 攻击的防护能力，那我们只好采取更强硬的手段。”伊卡宣称，“他们这是在自讨苦吃。虽然这次攻击花费会很高，但我认为售药联盟可以从每天的收入中拿出几百美元来支持我们。”

几周过去了，Spamdot.biz 论坛中号召攻击 Spamhaus 帖子的留言已达几页之多，但大家都是纸上谈兵，并未付诸行动。同时为 SpamIt 和 Rx-Promotion 发送垃圾邮件的 Grum 僵尸网络控制者格拉对自己同伴的消极态度感到深恶痛绝，于是发帖号召大家应该为行业利益慷慨解囊。

> 我在此向那些知名垃圾邮件发送者发出呼吁，你们每个月的收入在 5 万～ 20 万美元，难道就不能拿出 3 000 美元来支持这次行动吗？

Mega-D 僵尸网络的所有者多森特响应了格拉的号召，表示愿意出资支持对 Spamhaus 发动长期网络攻击。但在确定到底应该由谁负责组织这次网络攻击时，讨论再次陷入了僵局。

另外，论坛内部也出现了分歧，并非所有会员都赞成对 Spamhaus 以及推出黑名单的其他反垃圾邮件组织发动 DDoS 攻击。Waledac 和暴风蠕虫僵尸网络的控制者赛维拉的说法则更加耐人寻味，他认为“Spamhaus 的出现只是行业发展过程中的必然现象”，黑名单好比一道试金石，可以将没有经验和技术的人淘汰。

“朋友们，黑名单是不可能消失的，我们只能接受现实。”赛维拉在论坛的回帖中如此说道。他竟如此这般支持黑名单，同行肯定会将他当做异端。在这位垃圾邮件行业顶尖高手眼中，那些缺乏经验的人简直就是行业灾难，还瓜分了他的利益。如果黑名单能够将这些菜鸟挡在门外，似乎也并无不妥。

“黑名单确实可以让菜鸟和笨蛋知难而退。想象一下，假如没有黑名单，你还能赚到钱吗？根本没门！那只会彻底毁掉作为交流工具的电子邮件，仅此而已。所以说，Spamhaus 做什么根本无所谓，它只是一家公司而已。”

Spamdot.biz 论坛的会员“斯万克”极力支持赛维拉，但他认为无论怎样，都必须让 Spamhaus 吃点苦头。

“赛维拉，你说得很有道理，我支持你。”斯万克在回帖中写道，“黑名单的存在和发展对互联网和技术发展极为有利。因为我们双方，垃圾邮件发送者和反垃圾邮件者一直在相互交锋以压制对方。最终会促进技术不断向前发展，正如你所言，起到优胜劣汰的作用。但据说 Spamhaus 这类公司对所有发邮件者都采取了同样的策略，滥用权力封杀所有广告邮件，无视发件人是否发送垃圾邮件。Spamhaus 把所有发送广告邮件的人都当作敌人。这并不公平，而且特别荒谬。我们应该教训一下 Spamhaus，让他们知道自己并不是高高在上、不可冒犯的，他们会很快就会明白这个道理。”

2008 年 10 月，格拉在 Spamdot 论坛宣布开发了“抵制 Spamhaus v.10”程序，该程序由其手下编写，是专门用来攻击 Spamhaus 网站的恶意程序。各大重要僵尸网络的控制者都将这个软件安装在成千上万台傀儡机上，作好攻击准备。

2013 年 3 月，Spamhaus 网站遭受了互联网历史上规模最大、火力最集中的网络攻击。当 Spamhaus 将“防弹”服务器供应商 CB3ROB 列入黑名单后，该服务商另被称为“网络碉堡”，因为其位于北大西洋公约组织（NATO）在荷兰某所守卫森严的碉堡而得名，一群“防弹”服务器供应商组成了“打倒 Spamhaus 联盟”，并开设在线论坛以协调针对 Spamhaus 的攻击行动。

Stophaus 联盟对 Spamhaus 发动了为期 9 天的狂轰滥炸，Spamhaus 网站每秒钟的流量达到了 3 000 亿字节。《纽约时报》在描述这场恶战时这样形容：疯狂涌向 Spamhaus 的数据“洪水”不但淹没了 Spamhaus，也殃及许多相关网站。据 Spamhaus 网站的 CDN(内容分发网络) 服务商 CloudFlare 估计，由于这场数据“洪水”，几千万人在浏览互联网时都遇到了延迟或浏览错误的状况。好在 Spamhaus 未雨绸缪，应用了 CloudFlare 的防 DDoS 攻击服务，因为它清楚自己无法攻克 CloudFlare 的坚实壁垒，于是转而攻击其在伦敦、阿姆斯特丹、法兰克福和香港的网络节点①。

据《纽约时报》的报道，2013 年 5 月初，35 岁的荷兰籍黑客斯文·奥拉夫·坎普赫伊斯因涉嫌发起史上最大规模网络袭击被西班牙警方逮捕。另据 Spamhaus 组织和媒体披露，坎普赫伊斯还曾宣布成立“网络碉堡共和国”。《卫报》报道坎普赫伊斯被引渡至荷兰，但并未受到任何犯罪指控。坎普赫伊斯否认曾参与网络攻击，声称

①网络节点，指一台电脑或其他设备与一个有独立地址和具有传送或接收数据功能的网络相连，整个网络由这许许多多的网络节点组成。

自己只不过是 CB3ROB（网络碉堡）的通信部和外交部部长。

Spamhaus 被黑客攻击让我们悲哀地认清事实：具有如此大规模杀伤力的武器可以为现今任何组织或个人随意使用。Spamhaus 受到的攻击被称为 DNS 反射放大攻击，其原理是针对开放式 DNS 服务系统，利用协议的安全漏洞进行拒绝访问攻击，从而产生巨大的网络流量令目标网站瘫痪。

下面将详细解释这种攻击方法为何会产生如此巨大的破坏效果。DNS 服务器相当于网络查号台，负责将便于我们识别的网站，如 baidu.com 转换或解析为电脑能够识别的数字地址。通常，DNS 服务器只对被信任的网站，如本例中的 baidu.com 提供解析服务。但一些商业网络中的 DNS 服务器则是开放式的，可接受任意网站发来的解析要求，而 DNS 反射放大攻击者正是利用这些开放式 DNS 服务器发动网络攻击。首先攻击者会向“开放递归式”DNS 服务器发送数据请求，使 DNS 服务器误以为请求来自目标网站，就会将结果发给目标网站。DNS 反射放大攻击中的“放大”是利用服务器发回结果的大小远超过请求这点来实现的。例如，攻击者向 DNS 发送的请求不到 100 字节，而回复的结果则可以达到 600 ～ 700 字节；如果同时向几十个 DNS 服务器发送请求，就可以达到更强的“放大”效应。

幸运的是，互联网安全专家早就找到了应对这种攻击的方法。“一些电脑专家指出，只要全球主要互联网公司核查数据包确实来自他们的客户，而不是僵尸网络，这个问题就迎刃而解了。”《纽约时报》的约翰·马科夫和妮科尔·佩罗斯如此写道。

不幸的是，自十年前这种强大的网络攻击手段第一次现身互联网以来，这种情况依然没有得到任何改善，美国新星公司高级副总裁和高级技术专家罗德尼·约菲说道,新星公司是一家互联网安全公司,帮助客户抵御大量网络攻击。据约菲估计,大约有 2 500 万台设置不当的网络路由会被别有用心的人利用,来发动 DNS 反射放大攻击。其中多数是设置不当的商业路由或互联网服务商提供的家庭路由,大多数设备由发展中国家的互联网服务提供商或是见到没有利益,不愿意为此花钱的互联网服务商提供的。

“多数情况下,我们并不强制互联网服务提供商正确配置的路由,但我们必须要让他们这么做。”约菲说道,“很多互联网服务提供商因为利润率低,并不在意终端用户或互联网全体用户的信息安全。”

这就为互联网安全留下了极大的隐患。之前,如果一名垃圾邮件发送者或黑客想发动大规模网络攻击,前提是必须拥有一支被病毒控制的傀儡机大军;而现在,只需几百台被病毒感染的电脑就足够了。黑客利用这点兵力几乎可摧毁任何网络目标,而幕后功臣就是几百万台设置不当的互联网路由,它们随时在等候黑客的召唤加入战斗。

“如果黑客想发动网络攻击,可能会首先调用两万台设置不当的路由;如果目标依然没有崩溃,这个数字就会升到 5 万台。”约菲说道,“一般情况下,只需 10 万台就可以摧毁一个大型网站,而现在黑客共有 2 500 万台可供使用。”

总之,所有网站都处于危险之中。

第 11 章

反黑风暴

Takedown

打击网络犯罪不仅仅依靠政府机构、执法部门，也包括银行、信用卡系统以及诸多无辜受害者。微软公司启动一系列措施打击僵尸网络，维萨国际组织也切断了网络犯罪的信用卡交易渠道；在围追堵截之下，黑客四面楚歌，他们将何去何从？

微软携手 FBI 痛杀僵尸网络

乘坐破冰游轮游览俄罗斯、与弗卢勃列夫斯基见面 9 个月后，我又再次站在游轮的上甲板，凝视着寒冷的夜色。不过这次是一艘停靠在鹿特丹港口的老游轮。

透过布满霜花的舷窗，我看见舱内接待台前摆着一块大大的指示牌，欢迎前来参加政府计算机信息技术安全专家小组会议的参与者。我受邀今天早些时候在会上发言，详细介绍了古谢夫和弗卢勃列夫斯基之间的圈地战争："售药联盟之战"。今晚格外阴冷，寒风凛冽，我在船舱外等候与 FSB 的官员见面。参加此次会议的 FSB 调查人员告诉荷兰主办方，他们想和我私下谈谈。

此刻，我双手冰冷，再也捧不住手中的啤酒杯。啤酒已经结了一层薄冰，于是我将杯子放在船舷上，这时身后厚重的铁门吱嘎一声打开，会议举办方的一位女士走出来，隆重向我介绍了跟在她身后的 3 名男子，然后飞快地躲回温暖的船舱里。

其中一名中年的FSB高级官员身材矮壮，对我讲了一大段俄语，另一名年轻些的男子一边抽着万宝路香烟，一边为我们翻译。他们问我是否知道一家名为Onelia的公司，我回答自己从未听说过，并问他们为何对这家公司感兴趣。FSB的高级官员说，他们认为这家公司涉嫌为各种网络犯罪组织提供信用卡支付交易服务。

当天晚些时候我回到酒店住处，立即到网上搜索这家公司的信息，却一无所获。本来打算向一些俄罗斯情报人士打听这家公司，但突然警觉起来，可能FSB的人正希望我这么做：当我的情报人士四处打听这家神秘（也许根本不存在）的Onelia公司时，他们的身份就暴露了。

最终，我的顾虑战胜了好奇心。几个月后，我发现Onelia公司（其拼写应为Oneliya）其实是信用卡支付平台Gateline.net旗下的公司。成千上万笔SpamIt和Rx-Promotion客户的信用卡支付交易都由Gateline.netg负责处理。

据Gateline.net公司称，他们的客户涉及多种行业，如旅游、机票、手机和虚拟支付等。但从SpamIt和Rx-Promotion泄露的支付记录可以推断出，其网络药店的大多数信用卡交易都由该公司处理。

2011年俄罗斯调查人员确定，从SpamIt获取的在线聊天记录揭发了Gateline与垃圾邮件行业狼狈为奸。Gateline负责人尼古拉·维克多里耶维奇·伊林使用的网名为“沙曼”（Shaman@ Gateline.net），朋友通常称他为尼古拉或柯里亚。调查人员在该聊天记录中找到至少205条SpamIt联合“圣徒D”德米特里·斯图平和沙曼的对话，时间分布在2007～2010年。

记录显示，沙曼每天都为SpamIt处理大量信用卡支付交易。但购买者在SpamIt推销的网络药店中使用万事达信用卡购物很不方便，因为在网络购药方面，万事达的监管比维萨更加严格。从SpamIt的支付记录中可以看出，沙曼为自己的服务收取高额手续费，即药店交易总金额的8%，有时每周收入可达几万美元。

在2009年11月23日的一次会话中，沙曼提醒斯图平应该对万事达信用卡组织的诈骗调查人员提高警惕。一开始，沙曼就贴出了一则关于俄罗斯执法人员立案调查SpamIt以及斯图平和伊戈尔·古谢夫的新闻链接。

沙曼：http://www.runewsweek.ru/country/31283/

斯图平：我已经看过了。

沙曼：建议你们不要再宣传银行了。

斯图平：但必须要搞点宣传才行。

沙曼：否则整个生意都会完蛋，已经有先例了。

斯图平：古谢夫正在删除相关的帖子。

沙曼：好吧。泄密之战怎么样了？我们必须收手。你们会毁了整个行业。

斯图平：会吗？？？我们已经不再发帖了。古谢夫也一直在删帖。现在我们什么都没做。

沙曼：别在论坛回复红眼的帖子，他会冷静下来的。

斯图平：我会问问古谢夫是否还在回帖。如果是的话，我会告诉他停止活动的。

沙曼：（贴出一个显然是万事达信用卡反诈骗调查人员的邮件地址）干掉这个混蛋，他是万事达信用卡组织的人。

他从药店买过药。www.iacva.org/PDF/William%20Hanlin.pdf

沙曼：一定要对这些人提高警惕。下面这些人也要处理：查尔斯·威尔逊，斯蒂芬·卡彭特，弗雷德里克·曼格，桑德罗·雷切利……

沙曼：你们这是怎么搞的？

斯图平：我们的程序员正在调查。以后应该不会再出现这种事了。我和FSB的人见了面，他们正在加紧调查弗卢勃列夫斯基，很早之前古谢夫就关闭了SpamIt，还更换了GlavMed的地址。但FSB似乎已经盯上为其他售药联盟及网上流氓药店提供支付服务的金融机构。

弗卢勃列夫斯基和古谢夫之间的“售药联盟之战”使整个行业深受其害，交战双方也因为这场战争损失惨重，两败俱伤。现在，两人正在网络犯罪论坛里相互指责，声称对方令整个行业损失了数千万美元的收入，致使同伴成为执法部门和安全专家的猎物。

“这两个该死的混蛋毁了整个行业。”维什涅夫斯基在2012年5月的采访中说道，“这个行业的利润并不会特别高，10个人中可能有5个收入尚可。但自从弗卢勃列夫斯基和古谢夫开战之后，大家都以为所有垃圾邮件发送者都是百万富翁，于是警方就盯上了我们。”

维什涅夫斯基的收入大幅下滑，只好另谋生路找了一份合法的营生以维持“地下工作”，所以他的抱怨合情合理。现在，他依然在向众多同行出售自己的恶意软件，另外还在莫斯科当地一家公司担任系统管理员，工作就是抵制泛滥的垃圾邮件。讽刺的是，垃圾邮件的蔓延恰恰少不了他的贡献。

在互联网公司出现之前，垃圾邮件行业也曾有过黄金期，但现在它已经日薄西山，风光不再。在俄罗斯发送垃圾邮件虽然合法，但却变成高危行业。另外，维什涅夫斯基也很难再招募到优秀的程序员，更没办法留住他们来维持生意。许多莫斯科的科技企业正蓬勃发展，员工的薪金也随之大幅上涨。弗卢勃列夫斯基手下的很多元老级员工纷纷出走，投入年轻但前途光明的科技公司的怀抱。

“现在，很多知名垃圾邮件发送者都找不到好的程序员了，因为发垃圾邮件赚的钱还不够给程序员发工资。”维什涅夫斯基说道，“弗卢勃列夫斯基被抓的时候，这个行业就没落了。要不是弗卢勃列夫斯基和古谢夫挑起这场愚蠢的战争，大家的日子会好过很多。”

维什涅夫斯基的指责或许刺耳，但并不过分。过去几年，垃圾邮件行业确实遭到重创。2010 年 10 月 SpamIt 关闭之前，全球每日垃圾邮件的数量在 55 亿封左右。自 SpamIt 关闭之后，每日垃圾邮件总数出现巨幅下降。根据著名网路安全软件厂商赛门铁克公司统计，截至 2011 年 3 月，垃圾邮件的数量已降至日均 10 亿封，之后就一直在此数目上下浮动。

垃圾邮件依然是个重大问题，只不过它已不再张扬，而且这个行业中的重要人物则愈发谨慎。诚然，古谢夫和弗卢勃列夫斯基的战争确实对打击垃圾邮件行业的贡献居功至伟，但该行业之所以不再令人向往，过去几年中社会各界对大型僵尸网络采取的一系列打击行动功不可没。以下是几起著名的网络执法行动：

◆ 2009 年 5 月，美国联邦贸易委员会（FTC）说服执法机构强令互联网服务提供商关闭 3FN。3FN 这是一家位于北加利福尼亚州的主机托管商，调查人员和美国联邦贸易委员会已经查明此服务商是散播互联网有害内容的巢穴。弗卢勃列夫斯基的Crutop.nu论坛就挂靠在该主机托管商的服务器上。3FN被关闭之后，弗卢勃列夫斯基只得另寻新巢。

◆ 2009年11月，加利福尼亚米尔皮塔斯市的火眼公司协同其他组织合力摧毁了Mega-D僵尸网络。一年之后，该僵尸网络控制者、24岁的多森特（奥列格·尼古拉延科）在拉斯维加斯落网。他承认在2013年利用恶意软件入侵受保护的电脑，并因此被判入狱，缓刑3年。在法庭宣判之前，尼古拉延科已被拘留27个月。

◆ 2010年1月，互联网硬件设备制造商新星公司的员工成功夺取Lethic僵尸网络的控制权，一举捣毁这个曾经感染20多万台电脑的僵尸网络。

◆ 2010年2月，微软公司展开一系列行动，协助执法机关摧毁了一些大型僵尸网络，他们的第一个目标就是赛维拉的Waledac。当时Waledac感染了6万多台电脑，日均发送垃圾邮件达几十亿封。软件巨头微软公司征得美国联邦法院同意，取得了277个网站域名的合法所有权，而赛维拉正是利用这277个网站来控制自己的“垃圾邮件帝国”。

◆ 2010年10月，美国执法部门逮捕了27岁的俄罗斯人格里高利·阿瓦涅索夫，一举捣毁Bredolab僵尸网络。Bredolab自2009年现身后，便入侵并控制了几百万台电脑。据专家估计，在其高峰期该僵尸网络日均发送垃圾邮件多达30亿封。调查人员称，通过向同行出租僵尸网络阿瓦涅索夫共获利 13 万美元。BBC 曾报道，阿瓦涅索夫因非法入侵他人电脑获罪，在美国服刑 4 年，而 SpamIt 的记录也显示此人曾利用多个身份发送垃圾邮件宣传网络药店获利。

◆ 2011 年 3 月，微软公司将矛头对准 Rustock 僵尸网络，在美国法院的授权下控制了科斯马用来操纵 Rustock 的相关域名。当时的 Rustock 操控了 81.5 万台电脑，这些傀儡机每天喷吐大量垃圾邮件。此次行动是在辉瑞制药公司协助下完成，这家著名制药公司的产品和商标经常被垃圾邮件发送者仿冒。

◆ 2011 年 7 月，微软公司悬赏 25 万美元征求可以帮助将 Rustock 僵尸网络元凶逮捕或起诉的线索。2010 年 10 月，当俄罗斯执法部门将古谢夫列为世界头号垃圾邮件发送者后，Spamdot.biz 论坛随之关闭，但并未彻底消失，只是更换了名字和地址。有趣的是，就在微软公司发布悬赏信息后不久，Rustock 僵尸网络的所有者科斯马就将自己的绰号更改为“Tarelka”（俄语中意为盘子），在新的论坛里寻求建议，想知道如何用假名办理护照。

◆ 2012 年 7 月，火眼公司和 Spamhaus 合力摧毁了当时最活跃的三大僵尸网络之一：Grum。该僵尸网络日均发送垃圾邮件达 180 亿封。Grum 被摧毁后，全球垃圾邮件总数量立即下滑。但 Grum 的源代码最终落入几名垃圾邮件发送者手中，该僵尸网络又死灰复燃，目前依然在为非作歹。

◆ 2013 年 7 月，微软公司和联美国邦调查局发表联合声明，宣布在过去的一段时间里共捣毁了 1 400 多个利用

Citadel 病毒感染并控制电脑的僵尸网络。最初，犯罪集团利用 Citadel 病毒盗取网上银行账号及密码、窃取钱财。

◆ 2013 年 12 月，微软公司再度与联邦调查局携手，并联合欧洲执法部门打击 ZeroAccess 僵尸网络。ZeroAccess 涉嫌从事多种非法活动，如创建僵尸网络和散播流氓软件，但主要被用来劫持被感染电脑的搜索结果，依靠诱骗用户点击在线广告获利。

受古谢夫和弗卢勃列夫斯基的“售药联盟之战”牵连的不仅仅是垃圾邮件行业。ChronoPay 一直在为流氓软件联盟提供信用卡支付服务，2011 年弗卢勃列夫斯基被调查之后，ChronoPay 也就此土崩瓦解。一夜之间，因无法接受信用卡付款，流氓软件联盟的运营陷入停顿。2011 年 5 月末，弗卢勃列夫斯基因网络犯罪无关的罪名被捕；2011 年 8 月，著名电脑安全公司迈克菲注意到与假冒杀毒软件相关的用户举报下降了 60%。

打击垃圾邮件行业的同时也要打击网络流氓药店。通常情况下，垃圾邮件发送者先要找到肯与其狼狈为奸的域名注册商，这些注册商往往会对每月注册几百甚至几千个网站域名来发送垃圾邮件的行为视而不见。多年来，许多反垃圾邮件组织曾反复要求注销那些明目张胆发送垃圾邮件的网站，但还是有一些著名域名注册商对此置之不理。前白宫药品管制政策副主任、现互联网药品核查机构 LegitScript 公司总裁约翰·霍顿一直在追踪非法网络药店的网站。霍顿说，通常域名注册商会驳回这些请求，称他们不负责监督客户如何使用网站。

2008 年年末，情况发生转机。我在《华盛顿邮报》上披露了

EstDomain 总裁弗拉基米尔·萨斯特辛曾因洗钱、伪造文书和信用卡诈骗获罪之后，互联网名称与数字地址分配机构（简称 ICANN，一家监督域名注册的非盈利组织）撤销了 EstDomain 公司的域名注册权。EstDomain 俨然是垃圾邮件发送者和其他互联网诈骗者最喜爱的域名注册商。

在报道中我指出了许多被大家忽略的细节，在 EstDomain 与 ICANN 签订的合同中有一则条款规定，域名注册公司总裁不得有任何犯罪前科。正如前文所述，2011 年，ChronoPay 早期重要投资人萨斯特辛曾伙同 6 人利用庞大的僵尸网络向全球 400 万用户发送垃圾邮件而获罪。

EstDomain 总裁落网的消息令很多域名注册商心惊胆战，其中包括 EstDomain 公司最亲密的合作伙伴之一、位于印度的域名注册商 Directi，这家公司也曾接到过大量投诉，控诉垃圾邮件发送者滥用服务器发送垃圾邮件。

“三四年以前，除非你拿出确凿证据，能够证明某网站因发送垃圾邮件获利，否则域名注册商根本不会冻结涉嫌经营网络流氓药店的域名。”霍顿说道，“Directi 第一个站出来宣布，将对销售无处方处方药并违反购买者所在国家法律将药品邮寄入境的网站采取冻结措施。此后，GoDaddy、eNom 和其他域名注册商都推出了类似政策。现在你看一下占据一定市场份额的域名注册商，其中 60% ~ 70% 的公司在接到涉及垃圾邮件的投诉后就会采取行动，并冻结涉嫌违法操作的网站。”

如果互联网行业依然没认识到涉足非法网络药店的风险，那么 2011 年 8 月的一次判决足以替他们敲响了警钟。美国司法部宣布，谷歌同意支付5亿罚金以了结执法部门的刑事调查。此前，谷歌曾允许所谓的加拿大药店在美国刊登广告进行宣传，这其中包括很多非法网络药店。据称，5亿罚金相当于谷歌收取的广告费以及这些药店向美国消费者出售违禁药物获利的总和。

利益之争：收单银行暗战维萨

回顾过去的两年，某草根学术组织发布的研究结果对垃圾邮件行业影响至深。该研究清晰勾勒出所有售药联盟的洗钱网络，不过最关键的作用是令许多著名品牌企业心生惶恐，从而向信用卡组织施压，迫使其对支持这类非法行为的金融机构采取惩罚措施。

在2010年网络售药达到顶峰时，一些研究人员、大学教授和研究生秘密渗透到网络售药联盟和假冒杀毒软件的兜售者之中。他们希望抓住资金流向这条线索，切断非法之徒的信用卡交易渠道。来自乔治梅森大学国际计算机科学研究所和加利福尼亚大学圣地亚哥校区的研究人员假扮成顾客，在几个月里从40家不同的非法网站上购买了几百件“测试商品”，包括处方药、盗版软件和假冒杀毒软件。

研究人员确信，只要能证明这些金融机构能从非法交易中获利，便会引发公众的关注，那么整个产业链将会大受打击。虽然通过网络销售假冒处方药并不会触犯法律，但境外企业将处方药运入美国却是非法行为。另外，这种行为也违反了维萨信用卡和万事达信用卡组织的交易规定，应该受到重罚。正如前文所述，UCSD教师斯特凡·萨维奇和他的研究团队为收集售药联盟的确凿犯罪证据做了大量工作。

“首先，我们要弄清楚整个垃圾邮件行业的利益链。”萨维奇说道，

“其中，最重要的一环就是信用卡支付过程，但所有人都忽略了这一环节。”

据萨维奇透露，加利福尼亚大学伯克利分校起初对他们的研究并不感兴趣。违反联邦法律进行无关痛痒的调查以及触犯棘手的伦理和法律问题，让他们的项目成了烫手山芋。最终学校和研究人员达成了协议：研究人员必须持有处方且不能购买假冒药品，只能购买美国国内可以买到的诸如口服堕胎药 RU-486 之类的普通药品。

后来他们发现，这项研究所面对的最大困难是如何找到可靠的支付方式购买药物。如果用同一张信用卡反复购物，网络药店会认为该顾客非常可疑并取消交易。最终研究人员用预付费礼品卡解决了这个问题，这种礼品卡允许消费者匿名购买商品。但解决了支付问题还不够，研究人员还要想办法从礼品卡销售部门获得转账的收款银行名称和商业账户号。

“我们发现用礼品卡最简单，可以匿名购卡。”萨维奇说道，“但消费大量礼品卡后我们发现，如果想了解转账信息，就需要致电客服中心。即便是大型礼品卡的发卡机构也只有几名客服人员而已。如果你买了很多东西，在致电客服时总会遇到同一个客服人员，这样他们很快就会起疑心。”

萨维奇和其他研究人员很快找到了理想的预付费礼品卡，为避免影响以后的研究工作，他只肯透露这是美国一家规模相当大的超市礼品卡。

“我们向另一个也在研究同一课题的组织咨询过，他们推荐了某连锁超市的礼品卡。UCSD 的研究生带着 5 000 美元在此超市购买了大量礼品卡，超市的工组人员连眼睛都没眨一下。”萨维奇说道，“我们也在其他地方买了一大叠礼品卡。但问题是如何说服学校批准项目资助，允许将所有钱换成不可追踪的支付工具。我们还要说服校方，让他们相信我们不会用这笔钱跑去巴西度假或用作其他消费。”

在校方的支持下，研究人员开始使用几叠如扑克牌大小的预付费礼品卡在垃圾邮件推销的网络药店购买假冒药品。所有网络药店都接受礼品卡的付费方式。正当大家觉得一切顺利时，美国相关部门突然意识到用礼品卡付费不受约束，这种日趋流行的支付方式已经变成不法之徒洗钱的工具。

“议会在 2009 年颁布了有关使用信用卡的新规定之后，这条路就走不通了。”萨维奇所说的是 2010 年生效的法令，其中包括多项限制信用卡组织如何向消费者收费的条款。“美国财政部金融犯罪执法网络（简称 FinCEN）一直在关注礼品卡的问题。礼品卡金额巨大且无法追踪，已经被洗钱的不法之徒盯上。一箱子礼品卡可以轻松转移几百万美元，而且比同等金额的纸币轻许多。”

“礼品卡可随时购买，而且可以用任何名字购买，政府不要求预付费服务商‘知道自己的客户是谁’。”萨维奇说道，“但是现在却突然颁布预防国际交易洗钱政策，网络售药的人马上认为，‘好吧，国际交易不再接受礼品卡了。’我那些价值 5 000 美元的礼品卡现在毫无用武之地了。”

萨维奇灰心丧气，本已准备放弃自己的研究，但他的研究生克里斯·卡尼曲却依然执著，此时是 2011 年 11 月末。

“那个混小子都没和我打招呼，自顾自给信用卡发卡中心打电话。他打电话过去自报家门，‘你好，我叫克里斯·卡尼曲，我们正在进行一项与非法网络售药垃圾邮件相关的研究，我们需要一种支付方式能让我们做这个或做那个等等。’他打了 50 个电话，直到一家位于美国中西部银行的接线员说，他们的银行总裁对网络安全非常感兴趣，还为我们提供了特殊服务，自此之后我们的工作轻松了许多。”

对于网络售药联盟核查可疑订单的种种方法，研究小组已经了若指掌。这些网站对可疑订单异常谨慎，为避免手续费上涨或网站被关闭，他们采用了多层反欺诈措施。例如，检查消费者的网络地址，利用定位功能核查该地址是否与信用卡账单的地址一致等等。

“随着时间的推移，我们了解到他们会根据条件给每个订单打分。如果订单所获分数超过设定值，他们就不会将这笔交易提交银行处理。”萨维奇说道，“另外，如果消费者的电子邮箱是大众邮箱，也会提高订单的分数。订单所用的名字对应真实的地址和工作电话，因为他们会打电话核实订单的真实性。”

在刚开始购药时，研究人员的身份曾被网站识破过，所以他们尽量保证每月在二十几家非法网络药店成功购买一次，以追踪为这些网站处理信用卡交易的银行。当时他们并不知道这些网站大多都与相同的金融机构合作，这些金融机构是位于阿塞拜疆、拉脱维亚、塞浦路斯和土耳其的几家银行。

“我们尽量保持低调，每月只在每家网站上购买一次，但因为当时并不知道这些订单都由同一群人处理，所以就等于每个月在同一伙人手中提交了 35 个订单。”萨维奇说道，“有一次，克里斯·卡尼曲（现为研究所合伙人，之前是芝加哥伊利诺斯大学的助理教授）接到某网络药店客服的电话，询问为什么会有那么多人用他的地址购买抗过敏药西替利嗪（Zyrtec），这个问题令克里斯·卡尼曲措手不及，但幸好他谎称自己住在学校宿舍，有个室友养了一只猫，而他和室友都对猫过敏才让客服人员相信。渐渐我们摸清了网络购药的门道。”

枪口对准盗版商

通过追踪资金流向，研究者揭开了一个令人吃惊的事实：从垃圾邮件推销的网络药店购买西药和中药，其中 95% 的信用卡交易由 3 家金融机构处理，它们分别位于阿塞拜疆、丹麦和英属西印度群岛的尼维斯。可能很多人在地图上找到这几个地方都很困难，更不用说记得和这些公司做过交易。但事实上，垃圾邮件行业中大量的信用卡交易都流向了这些金融机构。许多反垃圾邮件专家想不通，监管机构为什么没有察觉并制止这种故意避开银行的交易行为。研究人员公布了一篇题为《追踪鼠标点击的轨迹：垃圾邮件行业利益链全面解析》的论文。这一调查结果详细介绍了切中垃圾邮件行业要害的方法：追踪处理信用卡交易的金融机构。

在《纽约时报》刊载该论文 5 天之后，白宫特地向这些研究者致电。打来电话的人是奥巴马任命的第一位知识产权执法协调员维多利亚·埃斯皮内尔。

“她当时正为域名注册商、著名品牌公司和谷歌开会而冥思苦想。她说道，‘嘿，我们应该一起为打击垃圾邮件做点什么。’在这篇论文中，我们提出了两个解决问题的方法：一是直接找到为这些网络药店开户的银行，但这种方式见效慢；也可以通过信用卡发卡组织中止此类交易，因为这些网络药店接收的几乎都是西方顾客的款项。现在回想起来，这些方法都太愚蠢了，因为当我们找到美国信用卡发卡银行说明事情的缘由时，他们回答：‘我们没接到投诉，如果交易记录显示是合法的，我们无权干涉消费者的消费自由。'”

埃斯皮内尔将萨维奇和他的团队介绍给国际反仿冒联盟（简称IACC），这是一家专门帮助企业打击商业侵权和假冒商标行为的非营利组织。IACC 创建了一个网站，任何商标持有人可以注册并向万事达和维萨国际组织举报假冒商标的违法行为。收到投诉后万事达和维萨国际组织会展开调查，重罚涉及违法交易的银行。

所有银行在营业之前必须首先与信用卡发卡组织签署一份合同。合同中严格规定银行客户所售商品必须是银行所在国家的合法产品，且在消费者所在国也必须合法。因为从美国境外将处方药品寄给美国消费者违反美国的相关法律，所以被侵权的制药公司只要通过 IACC 向万事达和维萨国际组织投诉，为售药联盟处理信用卡交易的金融机构就会受到重罚。

“这些规定一直写在合同里，但大家都没注意。”萨维奇说道，“结果证明最在乎垃圾邮件的人原来是那些著名制药公司，因为他们的产品、知识产权和商标是最大的受害者。这种方法的妙处在于这并非法律问题，而是合同履行与否的问题。这些著名制药公司只是要求万事达和维萨国际组织履行合同而已。”

不过讽刺的是，第一个采用 IACC 这个武器对付垃圾邮件行业的并非制药公司，而是微软。推销网络药店的垃圾邮件同样也在推销盗版 Windows 操作系统。微软发现 IACC 这柄利剑之后，下定决心采取行动，发誓要令那些与盗版软件商狼狈为奸的银行付出代价。

“微软公司决定出击，而且全力以赴。”萨维奇说道，“他们的负责人将其称之为‘特殊的感恩节礼物’。他们同时打击所有违规银行、域名注册商和服务器提供商，在极短时间内取得了巨大成效。接下来又在谷歌和必应搜索引擎中封杀了垃圾邮件发送者的网络 IP。微软公司刚对整个垃圾邮件行业举起屠刀时，网络地下世界所有人都在说，‘嘿，我们要有点儿小麻烦了。’”

另外还有一家著名软件公司也在打击销售其产品的销售联盟。销售盗版“OEM”软件的不法之徒通常会盯上高价电脑软件，如微软公司的 Windows 操作系统和 Adobe 的产品。根据销售 OEM 软件销售联盟论坛里的反馈，另一个正在严厉打击这种行为的软件公司就是 Adobe 公司。

“Adobe 不肯放过一个盗版商，而且反应非常迅速。它不只针对自己的产品，而是全面打击。其目的是摧毁整个销售 OEM 软件的行业。”萨维奇说道，“只有放弃了 Adobe 公司产品的几个销售联盟侥幸躲过了打击，但在一开始人们还没搞清情况时，Adobe 就几乎摧毁了所有僵尸主控机商的生意。”

银行与万事达和维萨国际组织签署的合同中规定，禁止销售或提供在销售地和使用地违法的商品和服务。信用卡机构设有标准程序处理这种交易投诉：首先先对涉事银行提出警告，包括提醒银行如不配合会被罚款的通知；而被投诉的银行可以对此进行调查，若认为投诉有误可以进行抗辩。但如果银行对投诉没有异议，则必须采取措施避免再出现同样的投诉，否则就会被信用卡组织罚款。

研究人员注意到形势发生了变化。现在，当他们向 IACC 举报之后，之前一直参与不法勾当的大部分银行账户都在短短的一个月内被关停。据萨维奇透露，相关数据显示，一些私人企业在切断这些非法活动的资金方面发挥了重要作用。

“这种方法不需要法官和执法人员，甚至也不需要复杂的技术。

购买产品就会留下交易记录，通过记录就能追溯到收款方账户。”萨维奇说道，“万事达卡和维萨卡绝不纵容通过它们的支付渠道购买非法产品。商标所有人只需购买侵权产品，然后举报，信用卡发卡组织就会根据举报信息采取行动。”

研究人员将研究结果递交 IACC 的同时，维萨国际组织针对网络流氓药店和售假问题也修改了相应的规则。首先，第一次明确将销售与药品相关的交易评定为高风险交易，列入与赌博以及其他与市场直接相关的交易的同一风险级别中；其次，对从事高风险交易的账户严格审查，要求注册资金达到 1 亿，并具备良好的风险管理机制。

另外，新规定还明确指出非法交易包括“非法销售处方药”以及“销售假冒或商标侵权商品或服务”。最后，规定还提高了违反规定的罚金额度。

销售联盟豢养着从事发送垃圾邮件、销售盗版软件、伪劣药品以及假冒杀毒软件的不法之徒，而广告联盟经营者对这一系列打击措施的反应直接证实了“购买－投诉”策略的成功。2012 年 6 月，某大型售药广告联盟管理员在各联盟聚集的俄语论坛 gofuckbiz.com 发表了一篇长贴，目前该帖的回复已经超过 250 页。该管理员在帖子中向这些身份神秘的会员解释：为何联盟无法提供稳定的信用卡交易渠道。

2011 年 5 月，维萨国际组织发起了名为“全球商标保护程序”的新项目。当时我们并不清楚这个项目会如何发展，所以一切调查研究工作还照常运行。几个月后，维萨国际组织开始采取行动。2011 年 11 月，所有销售伟哥、西力士、艾力达等其他受版权保护药物的网站都被罚款 2.5 万美元。这名管理员继续说道：

所有售药联盟都深受其害。现在，但凡有点规模的联盟都因为这个项目上缴了成千上万的罚金。银行业也同样难逃此劫，但很多时候可以从客户那里弥补损失，但前提是客户确实收入颇丰。维萨国际组织的审计、信誉以及其他问题让商业银行也陷入麻烦之中。这就是为什么有些银行拒绝为我们提供服务的原因，还有些银行则大幅度降低与药品有关的支付份额，另一些银行则过于自保，导致交易通过率几乎为零。也有一些银行还在继续为我们服务，但数量屈指可数。

另外一家非法网络药店在谈到这个情况时，语气就没有那么委婉了：

现在多数售药联盟都收到大量来自银行的拒付、取消和暂停交易的通知，恕我直言，这不是哪个售药联盟的问题，而是整个行业的问题。该死的维萨国际组织，他们这是在火上浇油。

被维萨国际组织痛扁之后，许多为网络药店服务的商业银行开始故意标错交易支付码以阻碍交易的进行。信用卡发卡组织要求所有交易都要标识支付码以区分交易的商品和服务类型。支付码有几千种之多，药品交易的支付码为5192。银行与信用卡组织签订的合同中规定，如果银行故意将高风险交易标记为低风险，信用卡组织会对其重罚。

“现在，仅存的售药联盟大多渐渐绝望，甚至丧失理智，开始通过地下银行和随机选取的银行进行交易。”萨维奇说道，“举报错误支付码是个好方法。因为对多数假冒药品来说，我们身为研究者无权向维萨国际组织投诉。我们不能说，'嘿，这是假冒辉瑞公司的药品。维萨国际组织，你们应该做点什么。'只有该品牌所有公司才有权举报。但任何人都可以就误标的支付码向维萨国际组织举报，比如发现网络药店的信用卡交易通过美国银行进行，而且银行标错了支付码，通常只需致电银行说，'嘿，这事你们知道吗？'大多数情况下，银行工作人员都会很感激：'十分感谢您的致电。'因为银行会因此收到巨额罚款。如果你通知了银行，其工作人员可以在维萨国际组织发现和罚款之前关闭交易。"

乔治梅森大学计算机科技部助理教授达蒙·麦科伊指出，为应对银行系统的各种举措，很多网络药店、流氓软件和 OEM 软件销售联盟加强了安全措施以甄别研究人员提交的订单。例如，某些网络药店联盟，以及 RxPayout 开始要求购买者提交驾照和信用卡扫描件或者复印件；另外还有些联盟现只接受原有客户的订单。

但对于购买者和售药联盟来说，这两种应对办法都存在缺陷。PxPayout 要求新买家提交身份信息的举措（自 2012 年 1 月开始实行）在联盟内部引发了争议。一位联盟的客户在回帖中写道："这个新规定害死我了！现在已经没有新买家联系我了。新客户发现要给客服传真带有照片的身份信息后，他们就取消了订单。"

麦科伊认为这些新规定解决了一个一直困扰着大多数售药联盟的问题：防止加入联盟的垃圾邮件发送者利用盗取的信用卡提交订单骗取佣金。"售药联盟最初用这种措施对付盗取信用卡的黑客。以前，如果交易被取消需要退款，通常由联盟承担退货费。"麦科伊说道，"但现在如果发生退货，客户要自付退货费。"

研究人员还注意到最近售药联盟又采取了新策略：用其他药物取代知名品牌商品，如用枸橼酸西地那非取代伟哥，用他达拉非代替西力士等。联盟管理员向旗下广告客户如此解释：这样做可以避免发生侵权问题，从而令品牌持有人无法关闭网站及相关银行账户。

最后一搏能否帮助那些进行非法活动的银行躲过信用卡组织的监管，现在还无从判断。前文那位联盟管理员在 gofuckbiz.com 论坛发表了下面一席话：

> 最终结果如何，只能让时间证明。我们只有两个选择：不再销售买家熟悉的知名药品，改成印度生产的普通药品；或者继续顽抗，看谁能笑到最后。

第 12 章

网络安全任重道远

Endgame

你是否购买过邮件推销的商品或来源未知的处方药？你的电脑是否被黑客入侵？你是否经常安装软件更新？是否随意打开邮件附件、草率地点击垃圾邮件或者脸书和推特中看似正常的链接？我们到底应该如何抵御恶意软件攻击，保护网络安全？

把他送进监狱

2011年6月，弗卢勃列夫斯基再次飞往马尔代夫。他匆忙出逃的原因是风闻俄罗斯检察官正准备起诉自己，罪名是涉嫌于2010年7月攻击俄罗斯航空公司的网络售票系统。

因涉嫌创建并运营Festi僵尸网络，阿尔季莫维奇兄弟也被调查人员逮捕。但两人拒不认罪，声称是受到俄罗斯警方的栽赃陷害，并伪造了电脑里的证据。不过俄罗斯检察院最终获得了伊戈尔·阿尔季莫维奇的口供，他交代是弗卢勃列夫斯基雇佣他们攻击俄罗斯航空公司的支付服务提供商Assist公司。彼时，ChronoPay正与Assist等几家公司参与竞标，希望成为俄罗斯航空公司的支付服务提供商，毕竟这是一份获利颇丰的大合同。检察官认为弗卢勃列夫斯基策划此次攻击的目的是希望打败Assist公司得到合约。但讽刺的是，在Assist公司被黑客攻击一个月后，ChronoPay和Assist公司都未能如愿，最终俄罗斯最大的私营商业银行阿尔法银行中标。

之后，弗卢勃列夫斯基自愿返回俄罗斯，旋即被关押在著名的莫斯科列福尔托沃监狱。该监狱建于 1881 年，戒备森严如同碉堡。冷战时，苏联克格勃用它来隔离和审讯政治犯，列福尔托沃成为最恶名昭著的囚所。1994 年，列福尔托沃监狱交由俄罗斯警方接管，之后又落入俄罗斯联邦安全局手中，此机构的前身系大名鼎鼎的克格勃。

在监狱中，弗卢勃列夫斯基承认曾命人对 Assist 公司发动网络攻击，但随后又翻供。但不管怎样，他的辩护律师兼 ChronoPay 雇员斯坦尼斯拉夫·马尔采夫仍向法庭提起申述，辩称在未判决之前不应将其客户收押。作为一名前俄罗斯警察，马尔采夫曾就弗卢勃列夫斯基涉嫌非法经营罪展开调查，他自然清楚后者的所作所为。不过法庭拒绝了马尔采夫的申诉，还判处弗卢勃列夫斯基在列福尔托沃监狱服刑 6 个月。按照法律规定，这是针对非法网络攻击的最长羁押期限。

“法庭最担心的事情不是把弗卢勃列夫斯基出来他会逃跑，而是害怕他对证人不利，致使证人无法出庭作证。”古谢夫在电话采访中说道。

这次突击调查的幕后主使人正是古谢夫和斯图平，他们狂掷 150 万美元买通警方。此外还花了 5 万美元将伊戈尔·阿尔季莫维奇和德米特里·阿尔季莫维奇兄弟送进了监狱。阿尔季莫维奇兄弟使用同一个绰号恩格尔，利用 Festi 僵尸网络为 Rx-Promotion 发送垃圾邮件，并偶尔攻击一些网站，包括发起那次令弗卢勃列夫斯基踉铛入狱的 DDoS 攻击。

以下内容来自古谢夫和斯图平在 2010 年 9 月 26 日的一次聊天记录。当时两人已决定关闭 SpamIt，正在考虑是否要关闭 GlavMed。在聊天中，弗卢勃列夫斯基被称作保罗（巴维尔的英译名）。

古谢夫：我觉得你还没明白去年到底发生了什么。保罗打算把我关起来或者干脆干掉我。他的意图已经非常明显了。我们只有两个选择：一，停止一切活动，最后不是入狱，就是一直躲躲藏藏，直到我们的生意彻底完蛋；二，以其人之道还治其人之身。

古谢夫向斯图平指出："但凡发动战争就需要花钱、消耗资源、费神费力。战争不是拉锯战，从一开始就必须全力以赴，否则就不要挑起战争。恩格尔一直都在对付我们……这次一定能把他们彻底干掉，我们千万不能错过机会。与这次 DDoS 攻击以及将来他们带给我们的损失相比，5 万美元只是个很小的数目。"

古谢夫还警告斯图平，如果后者不肯出钱凑齐 5 万美元来贿赂警察调查阿尔季莫维奇兄弟，他就会找其他人来管理售药联盟。这件事以斯图平的默许告终，但他一直强调这是个坏主意。

当时，古谢夫正与俄罗斯联邦安全局部门接触，并在其诱惑之下，提供了大量非法售药联盟行业中一些重要人物的情报。

"FSB 的人已经掌握了许多信息，并且对我们这个行业如何运作以及资金的来龙去脉了如指掌。"2010 年 1 月，古谢夫对斯图平如此说道，"FSB 非常了解资金的去向。一句话：如果他们想抓我早就动手了，而且他们还提到了你。现在，他们希望我配合工作，提供情报，还向我承诺这会有很多好处。"

有趣的是，这份聊天记录是 FSB 的调查人员在扣留斯图平时，从他的硬盘里复制出来作为呈堂证据。但不知何故（可能是弗卢勃列夫斯基贿赂了警方），这份聊天记录竟然落到恩格尔手里，他还故意将它泄露给许多人，这其中也包括我。

本书中引用了许多聊天记录，但说到内容生动翔实，则非俄罗斯成人论坛 master-x.com 里的某个讨论帖莫属。许多持观望态度或受到古谢夫和弗卢勃列夫斯基的“售药联盟之战”所累而损失惨重的垃圾邮件发送者都到这里来回帖爆料。最近，回帖数刚刚超过 100 页。

在 master-x.com 论坛的长篇大作中，起初回帖的人都使用网名，试图掩盖自己的真实身份；但在回帖数目达到一半时，古谢夫突然暴露了自己的真实身份。他的回帖异常情绪化，还对阿尔季莫维奇发表了长篇累牍的攻击，而且怒火越发强烈。

古谢夫认为，俄罗斯网站的站长们清楚，他和弗卢勃列夫斯基之间的战争只是一场竞赛：比谁的钱更多，看谁的靠山更强大。他警告阿尔季莫维奇，弗卢勃列夫斯基出狱后很可能会将怒火发泄在后者身上。因为正是阿尔季莫维奇兄弟向警方交代弗卢勃列夫斯基曾雇佣他们发起 DDoS 攻击 Assist，而这无异于给后者定罪。

“别忘了，弗卢勃列夫斯基是个卑鄙小人，而且睚眦必报！离开 ChronoPay 之后，我的事业风生水起，这事让弗卢勃列夫斯基痛苦了整整 7 年！他备受煎熬，夜不能寐！这就是嫉妒的恶果。嫉妒会慢慢侵蚀人的心灵，并最终将其摧毁。想象一下弗卢勃列夫斯基踏出监狱大门时的心情：饥饿、愤怒，身边也没有巴结他的人，没有生意。最糟糕的是他很清楚，他无法把我送进监狱。我觉得弗卢勃列夫斯基肯定承受不住这种心理压力。他倒是不能把我怎么样，所以一定会迁怒于你们两兄弟。”

接着，古谢夫还信誓旦旦地说，也许没等弗卢勃列夫斯基动手，他就会对付阿尔季莫维奇。“当然，那只是猜想。但无论怎样，我会在弗卢勃列夫斯基动手之前就收拾你们。我曾警告过你们，不要把我的家人卷进来，否则后果会很严重：我会找到你们，亲手拧下你们的脑袋，把它们塞进你们的屁眼儿里。不过，那时你们的样子可能和现在也没什么区别。”

2012年12月23日，就在弗卢勃列夫斯基生日的前3天，俄罗斯检察院将其释放。检察官释放弗卢勃列夫斯基并非出于仁慈，按照俄罗斯的法律规定，羁押待审弗卢勃列夫斯基的最长期限只有6个月。

一回到莫斯科的家中，弗卢勃列夫斯基就开始发博客，宣告自己胜利归来。他甚至还向我致电，主要是为了抱怨那所臭名昭著的监狱中的生活条件。在一次通话中，弗卢勃列夫斯基还哀叹自己和很多穆斯林关在一起，每天耳边都吵个不停。

“那里甚至都没有热水或一扇该死的窗户，每天24小时都开着灯。”弗卢勃列夫斯基回忆道，“那是俄罗斯戒备最严的监狱，其中半数犯人都是伊斯兰极端分子。有整整3个月我的家人无法联系我……没有电话，更无法探视。我满耳听到的都是阿拉真主！他们一天祈祷5次！”

虽然律师禁止弗卢勃列夫斯基与其他人讨论自己的案子，但他还是老样子，喜欢给别人讲有趣的故事。在列福尔托沃监狱，老犯人会告诉即将获释的犯人一个历史悠久的传统：获得自由后要烧掉出狱当天穿的衣物。弗卢勃列夫斯基担心不守传统会倒大霉，于是出狱第二天就邀请朋友到家里观看他将自己的衣物“火化”。

“想象一下当时的画面：天气阴沉沉的，我们站在房后，身前放着我出狱时穿的衣物。”弗卢勃列夫斯基一边回忆，一边忍不住哈哈大笑，“我们嘴里叼着烟，站在熊熊燃烧的火焰旁，为我的衣物举行火葬。那情景太像好莱坞的电影了，只可惜没有合适的背景音乐。朋友严肃地劝诫我：‘伙计，别再进去了。’突然，我妻子从家里跑出来，大吼：‘巴维尔，你烧错鞋了！’原来我烧掉的不是我出狱时穿的鞋，而是昂贵的山本耀司①鞋。”

弗卢勃列夫斯基在监狱里供认曾策划针对俄罗斯航空公司支付服务商 Assist 公司的 DDoS 攻击，还命令 ChronoPay 公司的一名员工，即信息安全专家马克西姆·佩尔米亚科夫向伊戈尔·A. 阿尔季莫维奇的 WebMoney 账户汇入两万美元。伊戈尔·阿尔季莫维奇是 Festi 僵尸网络的所有者、太阳微系统公司②俄罗斯分部的前雇员。ChronoPay 数据库泄露的一封长长的邮件中详细记录了这次交易细节。

伊戈尔·阿尔季莫维奇被俄罗斯联邦安全局抓获之后，供述自己曾受雇于 ChronoPay，并利用 Festi 僵尸网络攻击 Assist 的罪行。FSB 同时还逮捕了阿尔季莫维奇的弟弟、程序员德米特里·阿尔季莫维奇。

弗卢勃列夫斯基、佩尔米亚科夫和阿尔季莫维奇兄弟都被指控违反了俄罗斯刑法第 272 条“非法获取计算机信息系统数据罪”以及第 273 条“使用和传播恶意计算机程序罪”，每条法令规定的刑期都在 3 ~ 5 年。

但在 2012 年 9 月的听证会上，法庭认为无法依据刑法第 273 条对犯罪人进行起诉，理由是有关使用和散播恶意计算机程序的法令已经失效。

4 名被告中的佩尔米亚科夫在审判前突然翻供，声称调查人员当时在监狱里对他们进行精神施压，自己甚至还受到警察的虐待。

---

①山本耀司，世界时装日本浪潮的设计师，创建了与自己同名的先锋时尚品牌。

②美国太阳微系统公司，也称升阳公司，是开放式网络计算的领导者。

不过佩尔米亚科夫最终认罪，并同意配合检察官进行调查。对于许多密切关注此案的人来说，这个结果并不意外。早在加入ChronoPay之前，佩尔米亚科夫就是俄罗斯联邦安全局的官员。

佩尔米亚科夫还很可能是ChronoPay电子邮件和资料泄露的幕后黑手。在谈到“谁是泄密者”这个问题时，弗卢勃列夫斯基或是愤怒咆哮，或是陷入沉默，但始终坚信泄密人的绝非黑客，而是公司信息技术部的某名员工。有趣的是，泄露的数据中几乎包含了全部ChronoPay高层雇员的电子邮件，却唯独缺少与佩尔米亚科夫相关的资料。不管怎样，这起针对弗卢勃列夫斯基及其同伙的审判充分证明了一点：贿赂是ChronoPay前总裁牟利的惯用手段。

据俄罗斯航空公司Assist称，因受到Festi僵尸网络发起的DDoS攻击，其网络订票和信用卡支付系统将近一周的时间都无法正常工作，公司因此损失至少1.46亿卢布（约500万美元）。与俄罗斯其他新闻机构相比，《新报》在报道弗卢勃列夫斯基的案件时则更加客观且贴近真相。该报报道，审理此案的法官不顾仲裁法庭的反对，擅自采纳自己认可的损失金额，并拒绝了俄罗斯航空公司要求赔偿损失的请求。另外，法庭审议小组还特地指出，无法进行在线订票的消费者多数都通过第三方订票系统，或亲自前往俄罗斯航空公司的售票处买到了机票。

2013年6月，就在审判即将结束时，弗卢勃列夫斯基却因涉嫌恐吓证人被再次羁押。检察官声称弗卢勃列夫斯基亲自致电尼基塔·叶夫谢耶娃，企图恐吓证人。但据尼基塔·叶夫谢耶娃的供词和其他俄罗斯报道称，有人在宣誓作证的文件上伪造了尼基塔·叶夫谢耶娃的签名。

弗卢勃列夫斯基的律师团辩称尼基塔·叶夫谢耶娃是负责侦办此案的调查人员的朋友或女友，而弗卢勃列夫斯基联系尼基塔·叶夫谢耶娃是为了说服她当庭说出真相，并表示愿意承担她出庭的费用。

信息安全专家阿列克谢·米哈伊洛夫曾提到，弗卢勃列夫斯基的律师团几乎百分百确定尼基塔·叶夫谢耶娃的签名是伪造的。米哈伊洛夫是俄罗斯人，现居纽约。从俄罗斯警方立案到网络媒体大肆报道并偶见于西方媒体的过程中，一直密切关注案情发展。为何伪造签名和证人的角色在此案中至关重要?

“有时 FSB 的调查人员会伪造证据，这种情况很常见。”米哈伊洛夫说道，“在俄罗斯刑事审判过程中，有一个组织叫做‘panitoi’。该词指与本案毫无利害关系的人员，其作用类似于美国法庭的陪审团，由随机选取的人组成。庭审期间会被带到证物室，按要求对控方要递交的证物进行确认。本案中，证人应该确认检方从阿尔季莫维奇处收集的证据是否有瑕疵。法律程序规定，证人必须与此案及相关工作人员完全毫无瓜葛。但事实上，这个证人可能调查人员的女友或者好友，这点非常可疑。”但法庭无视辩方的证据，依然以恐吓证人罪将弗卢勃列夫斯基关进监狱。

被收监之前，伊戈尔·阿尔季莫维奇曾接受了《纽约时报》的采访，他否认与 Festi 僵尸网络有任何关联，声称 ChronoPay 计划推出自有品牌的杀毒产品，他只是负责开发工作。

这个说法听起来很滑稽。正是依靠 ChronoPay 提供的信用卡支付服务，流氓软件行业才得以发展并日益壮大。流氓软件将恶意软件植入用户电脑，然后迫使受害者购买指定的杀毒软件，然而事实上该杀毒软件只能清除植入的恶意软件。

其实阿尔季莫维奇并非信口雌黄。2011 年 2 月，我在莫斯科采访弗卢勃列夫斯基时，曾提到他们正在进行一项代号为“ChronoPay 杀毒软件”的项目。当时，我们都对此尴尬地一笑了之。ChronoPay 泄露的大量技术资料中提到了多个处于开发中的杀毒软件模型，还有人建议公司招聘程序员对反恶意软件 Malwarebytes 的免费版本进行反编译。

2013 年 7 月末，法庭作出最终裁决，4 名被告有罪：弗卢勃列夫斯基和阿尔季莫维奇兄弟被判入劳役营服刑两年半，佩尔米亚科夫因配合检方调查，故依法对其从轻处罚，最终被判入狱两年。

米哈伊洛夫坚信发生在弗卢勃列夫斯基身上的一切，从立案、调查、起诉、审判到最终判决，都与我们眼中的正义背道而驰，但归根到底是弗卢勃列夫斯基的前合伙人，更确切地说是古谢夫给俄罗斯联邦安全局的贿赂起到了决定性的作用。而俄罗斯的法律框架存在缺陷，在处理很多高科技犯罪案件时经常出现无法可依的尴尬。

“多年前，当黑客和网络犯罪刚一出现时，俄罗斯政府就颁布了相关法律，认定未经授权侵入计算机信息系统属非法行为。在本案中，检方声称黑客对 Assist 公司发动网络攻击，此举等同于非法入侵俄罗斯航空公司的电脑系统，因为黑客可以任意关闭该公司的网站和信用卡交易系统。”米哈伊洛夫说道。

“从法律角度看，这种说辞不符合逻辑和常理。但是检方必须完成任务，所以就用这个罪名起诉被告。在正常情况下，法庭完全有很多理由驳回起诉。虽然检方还提供了证明弗卢勃列夫斯基和阿尔季莫维奇兄弟有关联的证据，但这些证据或是伪造的，或是取证手段完全不合法。”

米哈伊洛夫发现俄国政府在俄罗斯航空公司中占有 51% 的股份。在许多俄罗斯政治人物眼中，国有企业被攻击是一种耻辱和挑衅。

“商业竞争对手利用俄罗斯腐败的执法部门相互争斗、抢占市场份额，这种事已经司空见惯。但当争斗的一方出了大价钱或牵涉到政治人物之后，法律法规就立刻失效。在这种环境中，政治关系和金钱才是左右案件结果的关键因素。”

米哈伊洛夫认为弗卢勃列夫斯基失败的原因在于他完全低估了对手的实力和决心，并且低估了案件的严重性。

“第一次出狱时，弗卢勃列夫斯基还以为能够胜诉，他这种想法真的太天真了。”米哈伊洛夫说道，“也许他觉得自己有本钱，之前他也曾贿赂过执法机构。不幸的是，古谢夫更胜一筹。即便在俄罗斯这个腐败成风的国家里，150 万美元也算得上大数目。我怀疑即使把解决 Fethard 的麻烦和之后雇佣马尔采夫作安全主管的钱都算上，弗卢勃列夫斯基拿出的钱也不到 150 万美元。古谢夫增加赌注，最终赢得了战争，至少赢得了这场战役。我相信为了重获自由，弗卢勃列夫斯基此刻愿意出两倍的价钱，但鉴于现在的处境，他只能想想罢了。”

进了劳役营之后，弗卢勃列夫斯基就会怀念俄罗斯安全局列福尔托沃监狱相对宽松的单间了。米哈伊洛夫说，对于一名从事网络诈骗的白领罪犯来说，俄罗斯的劳役营是个凶险之地。

“劳役营往往位于偏远的郊区，犯人住在成排的军营宿舍里，离莫斯科非常遥远。” 米哈伊洛夫说，俄罗斯前首富、能源行业寡头米哈伊尔·霍多尔科夫斯基服刑的劳役营就位于俄罗斯东部与中国交界处；从劳役营到莫斯科需要坐一天的火车。“那地方通常人满为患，犯人自己决定谁是老大、谁给谁洗内裤这类事情。”

另据米哈伊洛夫称，弗卢勃列夫斯基也许会提前出狱，但即使他服满刑期，也可能因为身份特殊而享受单间的待遇。

“弗卢勃列夫斯基是有钱人，至少曾经是有钱人。他在莫斯科郊外最富裕的街区有套房子，而且还是 ChronoPay 的主要股东。如果是我碰到这种事，我会把所有值钱的东西都卖了，把自己赎出去。相对来说，在俄罗斯钱能解决所有问题，除非 FSB 专门和你作对。FSB 控制了整个国家！不过，如果 FSB 的人拿了古谢夫的 150 万美元，那么就不会再接受弗卢勃列夫斯基的贿赂了。但有一点对弗卢勃列夫斯基绝对有利：他的案子万众瞩目，这就意味着劳役营的监狱长会照看他。与弗卢勃列夫斯基本人和这起案件相关的报道有几百篇之多。估计监狱和政府都不希望这样的公众人物在监狱里受伤或被鸡奸，那会造成很恶劣的影响。”

米哈伊洛夫马上补充道，他并非在替弗卢勃列夫斯基喊冤；弗卢勃列夫斯基有今天的结果完全是自作自受。

“不管怎样，这件案子都起到了一点积极作用。但作恶多端的弗卢勃列夫斯基却只受到了轻微的惩罚。”米哈伊洛夫说道，“这场审判明显只是敷衍了事，并未遵守法定程序。大概一年之后弗卢勃列夫斯基就会出狱，那时他肯定非常愤怒，可能会报仇，谁知道呢？也许几年之后，古谢夫就会落得同样下场。”

现在，古谢夫依然躲在国外，他无法也不能回俄罗斯，因为俄罗斯警方正以“利用 SpamIt 和 GlavMed 从事非法生意”的罪名通缉他。弗卢勃列夫斯基坚信古谢夫及其家人就躲在西班牙或土耳其，却苦于无法证实。不过无论古谢夫躲在哪里，都被严格限制了自由。2011 年我采访他时，他还担心自己一旦进入欧洲，国际刑警组织将其逮捕。

“估计很快我就会登上国际刑警组织的‘黑名单’，”古谢夫说道，“而俄罗斯警方也已经在通缉我，所以我绝不能回国。我相信弗卢勃列夫斯基正想方设法让国际刑警抓到我，那样当我乘坐飞机或其他交通工具过境就非常危险了。”

黑客转型，盗取信息成主流

多年以来，维吉尼亚州威瑞信公司 iDefense 安全实验室网络犯罪专家金伯利·泽恩兹一直关注着古谢夫和弗卢勃列夫斯基之间的战争。她认为，弗卢勃列夫斯基是整件事情的起因，他生性好斗、极其自负、盲目自信，正是性格上的缺陷导致了他的毁灭。

“网络罪犯应该低调一些，可弗卢勃列夫斯基却偏偏喜欢出风头。”泽恩兹说道，“他希望大家把他当作大人物，因他在地下互联网世界的地位而尊重他。”

但泽恩兹还指出，是其他原因导致弗卢勃列夫斯基的垃圾邮件和假冒杀毒软件帝国走向毁灭。

“在这场战争中，他确实犯了许多错误。”泽恩兹说道，“我认为弗卢勃列夫斯基压根儿就没有意识到大环境已经发生了变化。政府纵容网络犯罪的行为已经引发公众的不满。一方面，ChronoPay 拥有今天的成功，他强势的性格功不可没；但另一方面，也正是他的性格缺陷致使他屡屡越过底线，发起了针对 Assist 公司的 DDoS 攻击，还误认为自己可以打败古谢夫，却没想到最后惹出了大麻烦。”

据 UCSD 教授斯特凡·萨维奇所说，弗卢勃列夫斯基还痴迷于开发新颖的非法赚钱手段。

“只有明白这点，你才能理解为什么拥有合法公司的弗卢勃列夫斯基还要淌浑水，开发假冒杀毒软件、创立网络药店。”萨维奇说道，“显然，他非常渴望成为大人物，看看他与ChronoPay公司员工的聊天记录，以及他不断出席维萨国际组织在欧洲召开的网络安全和反欺诈研讨会，你就知道他显然已经将自己当作一名传奇式英雄人物。他完全可以只从事合法生意，无需铤而走险，但是为了维持花天酒地的生活，他必须这么做。但我怀疑他还有另外一个原因：他要向地下网络世界的另一些人炫耀。”

当“卡特尔”联盟之争暂时偃旗息鼓之时，垃圾邮件对全球的威胁却日益严重。随着很多大型售药广告联盟的倒闭，如SpamIt和Rx-Promotion，一种新型网络犯罪形式开始风生水起。就在萨维奇、微软公司和著名企业联合IACC对银行展开打击并切断了不法之徒的信用卡交易渠道之后，ChronoPay精心扶持的流氓软件行业已经难以为继，另一种更加卑鄙的行业渐渐浮出水面：赎金软件。

赎金软件与流氓软件类似，大多利用浏览器的漏洞，通过受病毒感染或恶意网站传播。黑客通常伪装成国土安全局或联邦调查局（或受害者所在国家的执法机关），以受害者下载儿童色情图片和盗版软件为名，要求受害者支付罚金。

赎金软件会锁定受害者电脑，受害者只有支付罚金或者想办法将其卸载之后才能继续使用。赎金软件不断发展，现在有些软件还可以将受害者电脑中的文件加密，以此要挟受害者支付赎金。攻击者往往会要求受害者从便利店购买预付费借记卡或代金券，从受害者那里骗取代金券的密码或卡号之后，黑客就可以兑换现金。

“赎金软件的兴起绝非偶然事件，根本原因是是售药联盟缺少稳定的信用卡交易渠道。”萨维奇说道，“以往靠推销流氓软件和网络药店的大批黑客现在无所事事，传统的赚钱方式开始退出舞台，而赎金软件的出现正好填补了这个空缺。”

过去几年，僵尸网络控制者的牟利方式发生明显转变。据卡巴斯基实验室的统计，截至2013年8月，全球垃圾邮件数量下降了67%。为弥补邮件数量下跌带来的损失，很多不法之徒开始利用僵尸网络散播恶意软件，尤其是那些从不打开垃圾邮件，也从不购买邮件中推销产品的消费者受到了更严重的威胁。

Rustock僵尸网络就是最典型的例子，该网络从2007年开始兴风作浪，成为犯罪分子实施“先升后跌”股票诈骗的作案工具。多年以来，该网络一直是世界上推销网络药店的主力军之一。但在过去几年，Rustock僵尸网络开始越来越多利用伪装邮件散播恶意软件，如伪装成FedEx和UPS快递或美国国税局的审计提醒邮件。多数时候，这些恶意软件的目标是美国和欧洲中小型企业财务人员的电脑。窃取财务人员所掌握的企业银行账户登录名和密码之后，黑客会将资金从受害人账户转移到自己控制的银行账户中。

据阿拉巴马大学伯明翰分校的加里·华纳称，Cutwail僵尸网络散播的恶意软件是造成企业账户被盗的主要原因。网络犯罪愈来愈常见，每年有几千家小企业深受其害，损失从几到上万美元不等。

讽刺的是，Cutwail向俄罗斯人发送的垃圾邮件中并不含有恶意软件，仅有宣传俄罗斯当地企业的广告，深入研究Cutwail僵尸网络的研究人员布雷特·斯通－格罗斯说道。这些俄罗斯网络不法之徒似乎要将“最好”的东西留给我们美国人享用。

另外，网络犯罪还发生了另一个显著变化，经营僵尸网络的人开始将邪恶的目光投向被其感染的电脑，试图榨取每一台电脑的价值。他们谨慎地从根本没有察觉的电脑用户的机器中获取个人信息，如密码、软件注册码和社交媒体的账号等全部数据。这些数据可以随意贩卖，甚至还有专门的网络集市对此进行交易。换句话说，此刻你的个人信息很可能已经被网络犯罪者换成一叠钞票了。

"就像爱斯基摩人要确保鲸鱼的每个部分都物尽其用一样，现在的僵尸网络已经与以往大为不同，不法之徒开始在自己的网络中精心挖掘着能找到的数据，"萨维奇说道，"他们现在的口头禅是，'为什么要浪费资源呢？'"

当有些人转行做起赎金软件窃及取数据的生意时，很多之前推销流氓软件、网络药店和盗版软件的联盟因为生意举步维艰，也开始另寻赚钱门路了。

"这是一段改革期，不法之徒显然是在寻找像网络药店那样既能挣到更多钱，又更加稳定的生意。"萨维奇说道，"一些联盟开始兜售盗版电子书和电影，有些则推销起工资日贷款。还有很多人提供替学生代写论文的服务，这样做的人还不少。"

另外，很多销售联盟开始采用一种名为"黑色搜索引擎优化"的技术来提高网站在搜索引擎的排名，这是垃圾邮件行业的另一重大转变。在 GlavMed 麾下几千人中，获利最多的是一名绰号"Webplanet"的黑色搜索引擎技术专家。这位颇具创新精神的年轻黑客的主要活力途径都是靠操控搜索引擎获得的。"依然还有很多人正在从事网络欺诈或操控搜索引擎。"萨维奇说道，"他们现在更加分散，目前正处于重组期。而那些少数精通推销网络药店的人或是收紧开支，或是说，'我们只能接受收入下降的事实，否则只能另寻商机'。"

萨维奇预计两到三年之内网络药店这个行业就会彻底退出历史舞台。

“一些小的售药联盟依然会存在，但像Rx-Promotion和GlavMed之类的大型售药联盟永远不会再出现了。”萨维奇说道，“毕竟这种生意会招致信用卡组织如维萨卡和万事达卡的密切关注，压力太大。”

萨维奇的这番话与伊戈尔·古谢夫的看法不谋而合。在2001年中期我最后一次采访古谢夫时，他这样说道：

“很奇怪，你们竟然要花那么多钱研究才发现这个行业的死穴是信用卡交易渠道，”古谢夫说道，“你们应该对银行施压，那帮混蛋只在乎公众的压力。这一招非常有杀伤力，如果你们能想法关闭与网络售药相关的银行账户，这个行业两年内就会彻底消失。”

网络售药联盟消失之后，什么行业可以取而代之，这也是古谢夫正在考虑的问题。

“我觉得下一个要出现的行业应该与音视频，也可能和社交网络有关。”他说道，“类似谷歌和苹果公司正在提供的服务，将你的歌曲和视频上传网络，你可以在任何地方随时访问这些数据。唯一的问题在于采用何种收费模式，即消费者如何付费。”

古谢夫说他正考虑从事咨询工作，为网络联盟项目出谋划策，帮助他们和地下信用卡交易服务商以及狡猾的银行打交道。

“说老实话，我正在研究这件事。”古谢夫说道，“一方面，这么做风险很高，因为我不想再惹任何麻烦，再次成为被调查的对象。但从另一方面来说，如果他们愿意付钱，我只需为出谋划策就可以挣到钱，银行对他们的生意至关重要。”

本书很多读者可能从未购买过邮件推销的产品，或从未在网上购买过不知出处的处方药。但互联网上布满了陷阱，即便是最谨慎的网络用户一不小心也会上当，间接成为垃圾邮件发送者、网络骗子和有组织的网络窃贼的帮凶。究其原因，是因为我们对互联网安全问题漠不关心。

无论你使用的是微软的 Windows 系统、苹果 Mac OS X 系统、Linux 系统、安卓系统或任何其他操作系统，从你接入互联网的那一瞬间，你的所作所为要么是在打击网络犯罪，要么是在为网络犯罪推波助澜。换句话说，打击还是协助网络犯罪，你只能选择其一，无法保持中立，因为互联网是否安全和保卫互联网安全的人不是别人，正是我们自己。不及时安装安全更新、随意打开邮件附件、草率地点开垃圾邮件或脸书和推特中看似正常的链接，都是在助长网络犯罪。我们到底应该如何打击垃圾邮件、抵御恶意软件攻击、保护网络安全？

后 记

一个没有黑客的世界：如何防范网络犯罪

我相信很多人都有过这样的经历：突然收到一封来自朋友或爱人的邮件，几分钟后又收到一条令你抓狂的通知：你的朋友或女友说他或她的邮箱账户被黑了，提醒你不要打开或回复之前的邮件。对许多电脑用户来说，这无疑是可怕的经历。其实事实远比想象的更恐怖。虽然你的邮箱账号或者你的手机、平板电脑、推特或 Instagram 账户落入现代网络窃贼手中，但他们只是利用你的邮箱发送垃圾邮件。不过这时你应该窃喜，因为你遇到的是最善良的黑客。黑客盗用电子邮箱并不仅仅向受害者的所有联系人发送垃圾邮件、恶意软件以及病毒。受害者电子邮箱的使用方式以及使用时间的长短决定了它的利用价值。

我们在网上注册时都需要提供电子邮件地址。大多数情况下，只需申请通过邮箱重置密码，就可以利用注册邮箱地址重置账户或相关服务密码。想获得与电子邮箱关联的退休金和银行账户或者保险计划？很简单，黑客控制了邮箱之后，会登录相关网站，申请密码重置，点击密码重置邮件中的链接，即可更改用户之前设定的网站密码，而且请记住黑客首先会更改你的邮箱登录密码！

即便黑客没时间和精力获取与邮箱关联的所有账户，他也可以在地下网络世界将这些信息出售他人。这些账户信息究竟值多少钱？地下市场并没统一定价，不过可以参考一下由专门出售非商业账户信息的不法之徒刚刚发布的价格表。

例如，地下市场里有些人公开出售盗取的美国大型折扣网站 overstock.com、戴尔和沃尔玛网站的账户名及密码，要价为两美元一组。还有人以 5 美元一组的价格出售 Fedex 及 UPS 快递公司网站的账户名和密码，而苹果公司 iTunes 的账户起价 8 美元。如果账户附带认证邮箱地址，还可以多卖 1 ～ 2 美元。

一些犯罪商店的要价甚至更低，比如戴尔、overstock.com、沃尔玛、乐购、百思买（美国大型电器商店）和塔吉特网站账户报价每组只有 1 ～ 3 美元。听起来这点钱似乎算不上什么，但别忘了这些黑客通常利用僵尸网络窃取账户信息，也就是说，他们可以同时从几百或几千台被病毒感染的电脑上获取这些信息。

或许你的邮箱并未与网上商业账户关联，但肯定关联了其他账户。黑客盗取邮箱账户并不只是为了发送垃圾邮件，他们还可以获取你的所有联系人的邮件地址，然后向他们发送恶意软件、垃圾邮件和网络钓鱼攻击。你的朋友甚至会收到你的求助信，信中的你被困国外、身无分文，希望他们汇款救急。事实上，有许多人曾落入这个骗局。毫无疑问，人们好心汇过去的钱直接落进了网络罪犯的钱包。

如果你曾购买过电脑软件，那么你的某一封邮件中就会包含软件密钥注册码。你还在使用诸如 Dropbox、谷歌网盘或微软公司的 SkyDrive 之类的云服务来备份、存储你的照片、文件和音乐吗？获取这些私人文件的钥匙就在你的收件箱中。

更可怕的是，如果你的邮箱被黑，而该账户恰巧是其他账户密码重置的备份邮箱，结果会怎么样？你的两个邮箱都会落入坏人的魔爪之中。

希望读者看到这里已经能够清楚防贼的重要性，并且意识到有必要为自己的电子邮箱采取一些安全措施。有一些简单可行的方法和技巧能够保护邮箱信息，同时还能给登录邮箱的操作系统上把锁。

以前，一些知名的大众邮箱服务商对邮箱的保护机制仅限于账户和密码。不过近来，这些服务商也逐渐采用多重验证的方法来保护用户邮箱的安全，如 Gmail、Hotmail 和雅虎邮箱都已付诸行动。通过短信或智能手机应用程序发送验证码就是典型的多重验证机制，用户不仅需要输入账户名和密码，还需同时输入收到的验证码才能登录邮箱。

Dropbox、脸书和推特不仅鼓励用户使用强密码 ，同时也增加了多项安全措施。想知道你的邮箱、社交网络或其他交流工具的服务商是否为账户提供双重验证机制，可登录 twofactorauth.org 进行查阅。如果在名单中发现你的服务商，点击服务商名称旁“Docx”下方的图标，即可浏览如何设置以及启用这项功能的帮助教程。

你的密码很好猜

尽管启用双重验证可提高账户安全，但是如果登录密码设置的过于简单，邮箱依然会面临被黑客攻击的危险。况且，并非每一个网站都支持双重验证。没有人喜欢复杂的密码，它记起来确实很痛苦。

但在安全性更强、能够抵御黑客攻击的其他保护措施出现之前，我们别无选择。值得一提的是有些数码科技产品采用了更安全的身份识别方法。例如，欧洲很多银行在信用卡中内置芯片，增加了信用卡欺诈的难度和成本。美国也开始采用这项技术。另一项杰出的安全措施是指纹识别技术，如今已应用在智能手机和笔记本电脑中，通过指纹可以锁定或解锁设备。当然，随着科学技术的发展，今后还会出现更多更安全的保护措施。

下面列举了几个设置强密码的技巧，请花点时间研究下这些内容。如果你设置的密码太简单，请考虑换成更加复杂的密码。

假如你像我一样极度痛恨密码，而且认为人生苦短，不该浪费生命去记那么多的字符，那么可考虑使用密码管理软件。密码管理软件可以是电脑程序，也可以是在线服务，它不但可以帮你设置强密码，而且会使用安全的加密方式储存密码。

如果你想使用强密码，却又担心记不住一长串毫无意义的密码，如“#$DG3dcLqziI%&*wp”，告诉你一个好消息：密码管理软件就是专门为解决这个问题而开发的。该类软件可配合浏览器使用，当你命令软件记住某网站的账号和密码后，再次打开该网站时，软件会自动填写登录信息。你只需创建并记住一个安全的“主密码”，在软件自动为你填写信息时输入“主密码”授权即可。

深受用户喜爱的密码管理程序有KeyPass、Password Safe和RoboForm。LastPass则是一个非常棒的在线密码管理软件。你无需在电脑上安装软件，在任何设备上，包括你的智能手机都可以使用。

如果你喜欢自己设置及管理密码，或者想为密码管理软件设置安全的主密码，那么可参考以下技巧：

◆ 设置由单词、数字、字符号和大小写字母组成的密码。

◆ 不要将你的网名设置为密码。

◆ 不要使用轻易被猜到的密码，如“password”或“user”。

◆ 不要使用此类信息作为密码：你的生日、社会保险号、手机号码、家人或宠物的名字等一切你会在社交网络上发布的信息，这些信息并不像你想象的那样保密，因为你会在无意中将这些内容放到社交媒体中，而黑客也会使用脸书、推特和 Instagram！

◆ 不要使用字典里的词汇作为密码。网上免费的密码破解软件通常都内置字典列表，其中就包括几千个常用名字及密码。如果你必须使用这类词汇，可以在单词前或单词后添加数字或标点符号（或者前后都添加！）。

◆ 避免使用简单的键盘组合。破解像“qwerty”、“asdzxc”和“123456”这种键盘组合密码易如反掌。

◆ 容易记忆的密码不一定是单词，还可以是一个短语或一句话，比如你最喜爱的小说的开首语或一个笑话的开头。密码越复杂越好，但长度是关键。设置 8 ~ 10 位长度的密码是个好习惯。现在，开发强大快速的密码破解软件变得越来越容易，利用这些软件每秒可以测试上千万个可能的密码组合。记住一点：密码每增加一位，暴力破解的难度就上了一个台阶。

◆ 不要在多个网站使用同一密码。一般来说，在不储存用户敏感信息的网站使用相同密码是安全的，但前提是在那些储存用户敏感信息的网站上使用的不是这个密码。

◆ 绝不要将任何网站密码设置为邮箱密码。否则，一旦Dropbox 网站被黑客攻破，你的邮箱很快就会落入黑客手中。

◆ 任何情况下都不要以文本形式存储密码。一旦电脑被黑客入侵，就等于亲手将密码送给黑客。是否可以将密码存在电脑里？对于这个问题，我的看法也随着时间而改变。我倾向于安全专家布鲁斯·施奈尔的看法。他认为电脑用户无需担心输入密码时被人看到，关键是不要以文本形式存储密码。最安全的方法是你将所有需要密码的网站列一个表，写下对应的用户名以及只有你自己才明白的密码提示。如果忘记密码，则可以向网站申请发送密码重置邮件到电子邮箱，前提是你要记得注册网站时提供的邮箱地址。

多重防护，锁住安全

如果电脑被密码窃取恶意软件感染，那么你的邮箱或脸书账户就在劫难逃了，所有的账户安全工具都无法改变它们的命运。在电脑上安装杀毒软件和防火墙软件可以防患于未然，但也绝非万无一失。现在的病毒本身就可以绕过这些防护措施入侵电脑；尤其在病毒通过垃圾邮件和社交网络散播的最初 12 ～ 24 小时以内，更是宛如洪水猛兽。

保护电脑系统最关键的原则是“深度防御”，即设置多个防护措施，并不仅仅依赖一种方法或某种技术来抵御所有攻击。你知道最有效的防线是什么吗？是你自己！

牢记克雷布斯的“网络安全三原则”并付诸实施，就可以大幅降低电脑或手机信息泄露的风险。这3个原则简而言之就是：

原则1："不了解，不安装。"如果黑客想设置网络陷阱以便成功入侵个人电脑，首先要诱使电脑用户采取某些行动，如点击邮件中的链接或打开附件、在浏览器添加自定义插件或应用程序。常见的网络陷阱包括流氓软件以及提示电脑中毒的弹窗，以诱骗电脑用户安装体统安全漏洞扫描工具。另一种常见的骗术是利用视频诱惑电脑使用者安装某种解码器、视频播放器或应用程序才能观看视频。只安装需要的软件或浏览器插件，而且最好从可靠的网站下载。像MajorGeeks.com和Download.com网站都会首先检查软件以确保其无毒才会提供下载链接。在线购物时，为了买到称心的产品，顾客会首先调查产品的质量和性能。安装软件也一样，先花几分钟浏览一下用户意见和评论，确定它是否就是你需要的软件。不要直接回复来自（或似乎来自）脸书、领英、推特、银行或其他保存个人信息的网站发来的邮件。另外，请通过浏览器的书签访问存有个人信息的网站或者管理社交网络。

原则2："安装后，勤更新！"是的，没错，为电脑操作系统安装（由微软公司、苹果公司或谷歌等公司发布）最新的补丁非常重要。但要想保证电脑的安全，还要细心照顾系统中运行的软件。坏人总在不停攻击电脑里安装的软件，如Java、Adobe的PDF阅读器、Flash和QuickTime。每年软件开发商都会推出几次更新以修复软件安全漏洞，所以尽快将软件更新为最新版本是很明智的选择。有些开发商也许会通知用户有新版本软件，但通常是在补丁发布几天甚至几周之后。如果你感觉频繁检查更新令人心烦，那么可以试试一款名为"Secunia个人软件检查器"的免费软件，它会定时扫描系统并提醒用户更新过期软件。这个软件的最新版本已经可以自动为用户更新软件了。另外，FileHippo也推出了一款很不错的免费检查软件更新工具。

原则 3："不需要，就删除！" 电脑运行慢？硬盘碎片是罪魁祸首。很多电脑厂家在电脑中预装了大多数用户从来都不会打开的大型软件。除此之外，在使用过程中，用户也会在电脑中安装几十个程序及插件。就是它们拖慢了电脑的运行速度。很多程序还喜欢擅作主张，把自己添加到电脑的启动列表中；这样每次重启电脑，这些软件就会自动开启，这使重启电脑的过程好像是在看着油漆慢慢变干，似乎永无尽头。切记，安装的软件越多，更新软件花费的时间就越多。

希望以上这些技巧正好能够解决你的问题。如果想了解更多如何保证网络安全的信息，包括最新版本的病毒、犯罪手段和垃圾邮件发送者以及网络骗子所利用的软件漏洞等资讯，可以访问我的网站 KrebsOnSecurity.com，还可以在 www.KrebsOnSecurity.com/about 页面留言，告诉我你对此书的看法。

致　谢

作家总是倾向于孤独地生活，但如果没有朋友和同事的耐心和帮助，没人能够写出一部令人愉快且复杂而的长篇作品。

没有几位说俄语的朋友的帮助，《裸奔的隐私》不可能面世。他们花了无数个小时，和我一起梳理书中提到的真实人物的对话和联系。我要特别感谢阿列克·戈登伯格、阿列克谢·米哈伊洛夫和马克西姆·苏哈诺夫，他们不辞辛劳地帮我翻译文件、邮件及聊天记录，并帮我梳理其中的关联。

我还要诚挚地感谢劳伦斯·鲍德温、亚当·德雷克、亚力克斯·霍尔登、詹姆斯·兰斯、乔恩·奥和金伯利·泽恩兹等人，他们对黑客及其隐秘世界十分了解，对我帮助颇多。

我要特别感谢达蒙·麦科伊、斯特凡·萨维奇、布雷特·斯通－格罗斯、加里·华纳，还有他们的研究生团队，他们帮我从浩瀚的数据海洋中提取典型样本和有意义的资料。

在我最需要的时候，是约瑟夫·梅恩和米沙·格林尼给了我鼓励和各种建设性的意见。若不是 2009 年北美暴风雪肆虐的那几天与罗纳德·多宾斯促膝长谈，作为一名独立记者，恐怕我不会有为撰写此书而单打独斗的勇气。出于某种原因，我还要感谢 J.B. 斯奈德，他总是一个说到做到的人。

写书期间，有几位朋友保证了我的人身安全和网络安全，我对他们的感激无以言表。尽管我经常遭到猛烈的网络攻击，但克里斯·巴顿仍确保了我的在线网站不受干扰；Group-IB（世界著名网络安保公司）和卡巴斯基实验室的工作人员保证我在莫斯科的人身安全；美国几位匿名的执法人员也帮了我很多。感谢你们所有人。

最后不需要说的是，我要感谢 KrebsOnSecurity.com 网站的忠实读者，感谢他们在过去 5 年中带给我的鼓励、支持和灵感。没有你们，就没有这本书。

中资海派出品

为精英阅读而努力

揭露营销神话背后的真相

操控媒体的黑暗艺术

顶级推手的敛财手段

美国最年轻的营销策划鬼才冒着身败名裂的风险，揭露传媒界的潜规则和阴暗面。

- 第一手的内幕等于流量，但没有独家新闻时怎么办？
- 名不见经传的人如何成为总统候选人的热门人选？
- 三星为了讨好博主，邀请他们到西班牙游玩，目的何在？

媒体世界并不是非黑即白，它存在着大量的灰色地带，而顶级的媒体推手们总能从简单的事件里嗅出商机和唾手可得的利益。

瑞安·霍利迪就是其中之一！他知晓媒体世界的潜规则和阴暗面，更擅长操纵舆论导向，蛊惑人心。他将带你玩转媒体世界，拨开新闻迷雾，告诉你一个真实的世界。

藏身幕后，借传媒之手，

搅动世界！

[美] 瑞安·霍利迪（Ryan Holiday） 著

潘丽君 译

中资海派策划

定　价：38.00元

“iHappy书友会”会员申请表

姓　名（以身份证为准）：＿＿＿＿＿＿；性　别：＿＿＿＿＿＿＿＿＿＿；
年　龄：＿＿＿＿＿＿＿＿＿＿＿；职　业：＿＿＿＿＿＿＿＿＿＿；
手机号码：＿＿＿＿＿＿＿＿＿＿；E-mail：＿＿＿＿＿＿＿＿＿＿；
邮寄地址：＿＿＿＿＿＿＿＿＿＿；邮政编码：＿＿＿＿＿＿＿＿＿；
微信账号：＿＿＿＿＿＿＿＿＿＿＿（选填）

请严格按上述格式将相关信息发邮件至中资海派“iHappy书友会”会员服务部。

邮　箱：zzhpHYFW@126.com

微信联系方式：请扫描二维码或查找 zzhpszpublishing 关注“中资海派图书”

<table>
<tr><td rowspan="8">优惠订购</td><td colspan="2">订阅人</td><td></td><td>部　门</td><td></td><td>单位名称</td><td colspan="2"></td></tr>
<tr><td colspan="2">地　址</td><td colspan="6"></td></tr>
<tr><td colspan="2">电　话</td><td colspan="3"></td><td>传　真</td><td colspan="2"></td></tr>
<tr><td colspan="2">电子邮箱</td><td></td><td>公司网址</td><td></td><td>邮　编</td><td colspan="2"></td></tr>
<tr><td colspan="2">订购书目</td><td colspan="6"></td></tr>
<tr><td rowspan="2">付款方式</td><td>邮局汇款</td><td colspan="6">中资海派商务管理（深圳）有限公司
中国深圳银湖路中国脑库A栋四楼　　　　邮编：518029</td></tr>
<tr><td>银行电汇或转账</td><td colspan="6">户　名：中资海派商务管理（深圳）有限公司
开户行：招行深圳科苑支行
账　号：81 5781 4257 1000 1
交通银行卡户名：桂林　　卡　号：622260 1310006 765820</td></tr>
<tr><td colspan="2">附注</td><td colspan="6">1. 请将订阅单连同汇款单影印件传真或邮寄，以凭办理。
2. 订阅单请用正楷填写清楚，以便以最快方式送达。
3. 咨询热线：0755−25970306 转 158、168　传　真：0755−25970309 转 825
E-mail: szmiss@126.com</td></tr>
</table>

→利用本订购单订购一律享受九折特价优惠。

→团购30本以上八五折优惠。